みず・ひと・まち

—親水まちづくり—

畔柳　昭雄・上山　肇　著

技報堂出版

はじめに

「親水」という言葉は、高度経済成長の歪みとして顕在化した都市河川の水害と水質汚濁をきっかけに、河川がそれまで担ってきた治水、利水の機能に加え、本来河川が持っていた水遊びや魚釣りなど河川の持つ快適さを担う機能を見直すことで、付加されたものであった。この親水の概念の提起により、「水のある空間」がそれまでの「緑のある空間」と同様に有効な環境改善機能を果たすものとして広く認知されるようになった。しかし、本来、河川やその水辺が備えていたハズの機能について改めて「親水」という言葉が用いられたということは、自明の理として存在していた河川における機能が失われてきたからに他ならない。

提起された親水機能は、生き物との共生という生態学的概念が含まれながらも、漠然とした理念的なものであったため、時間経過とともに「水のある空間」全般にこの定義が用いられるようになり、一義的な解釈に偏った水辺の施設づくりが展開されてきた感もぬぐいきれない。今日、水環境については、二律背反的な様相を呈しており、親水護岸や自然環境、生態環境の再生が求められる一方で、水害の発生（洪水量の増大）や水質の悪化、平常時の維持水量の枯渇や生態環境の単純化、景観の単調化などを招いている。そのため、水辺の復権を目指して近自然工法や多自然川づくりなど新たな手立ても検討されてきているが、親水機能については水環境を取り巻く多様な要素を明らかにし、自然性と人為的な手立てとの整合性を考慮するなど総合的な視点に立ち検討することが必要と思われる。すなわち、「人間との係わりから見た親水の視点」を持つことが重要であり、親水は人間にとっていかなる意味を持つものか、を問う必要があると思われる。

こうしたことを踏まえ、本書では、水環境における「親水」に焦点を当てることで、親水イコール水辺の施設づくりから脱却し、水環境が本来備えていた親水性を再認識し、人間と水環境との関係性を捉え直そうと考えるものである。そのため、都市内や都市近郊の河川、水路などを対象としたフィールドワークを通じて、そこに見出された水辺と人々の係わり方や水辺と生き物との係わり方など、水辺の存在が果たす物理的な効果、心理的な効果、社会的な効果などを具体的にとらえ解説してゆくものとする。

本書は、第Ⅰ編を「親水とは」を3章から構成し、水に対する人々の関心の希薄化と再認識が起きてきた背景を踏まえ、人と水との係わりを深める上での生き物や自然の存在の重要性を解説し、次いで、親水の概念及び水を求める人間の行動やその背景をとらえている。また、都内に整備されてきた親水公園の環境効果について解説している。第Ⅱ編は「親水まちづくり政策」と題し、東京都江戸川区が行ってきた親水公園や親水緑道に関する各種取り組みの背景を解説している。特に今日各地で行われてきているまちづくりに先駆け35年ほど前から水辺を積極的に取り入れてきた先進的なまちづくり政策と、今後の展開について解説している。

本書が「親水」という機能をもつ水辺のまちづくりに関心を持っている一般市民の方々をはじめ、行政や実務に携わっている方々、またこうしたことに関連したことを学んでいる学生の方々にとって参考になれば幸いである。

目　次

I編　親水とは

Ⅰ編

親水とは

―― 畔柳　昭雄 ――

序章　人と水との係わり

■人と水との係わり

人と水との係わりに対する関心の高まりは、昨今のテレビ番組や新聞記事からも読み取ることができる。テレビ番組では世界の美しい水辺風景とそこでの暮らしを題材とした「世界水紀行」や日本各地の水辺を訪ねる番組などが組まれたり、新聞記事では「甦る川ライフ」、「水上遊覧」、「川と生きる」と題された特集が一面で連載されてきた他、社会面でも「水辺を守る」、「河川の自然回帰や復元」、「水辺の再整備」の記事が紙面を大きく割いて掲載され、経済面でも「水の時代」がシリーズ化され連載されるなど、記事の扱い方の広がりや掲載回数の増加にも表れている。

「人と水との係わり」とは何か、本来はこれまで身近に存在していた河川や海などの水辺においてみられた至極当たり前な人々の生活景としての活動を指すもので、水遊びや釣り、ボート漕ぎなど人々が水や水辺を介して得られた快適性を伴う機能といえる。別のいい方をすると、水環境が元々もっていた機能のひとつであり、近年は「親水」と呼ばれる機能として再認識、再評価されることにより、河川環境整備の際に空間的に付加されることが多くなってきた。

水辺に対する関心が世間一般で高まったきっかけは、1980年代中期にアメリカ・ヨーロッパの港湾を中心に世界を席巻し、後期になりわが国に伝播してきた「ウォーターフロント」という言葉に由来する。この動向は当初、アメリカ・ニューヨークで1963年に「Back to Waterfront」というキャッチフレーズが掲げられ、都市臨海部のウォーターフロント再開発が推進されてきたことに起因する〈1〉。この耳ざわりの良い響きをもつ言葉はまたたく間に日本全国に広がり、それまで埋立地として敬遠されてきた場所や臨海部、港湾地区として人々が立ち入らず、遠ざけられがちな場所であったところが、ウォーターフロントという言葉により状況は一転し、一躍人々の熱い視線を集める人気の場所となったことは記憶に新しい。当時は港湾地区特有の雰囲気が都会に住む人々に受け入れられることで、倉庫はギャラリーやライブハウス、カフェなどに転用されることで「ロフト文化」を開花させた。ただ一部では開発や再開発の場として過熱し過ぎ〝ウォーターフロント＝水辺の不動産屋〟と呼びたくなると揶揄する人々もいた。このウォーターフロントブームにより、それまで都市の中で敬遠されたり、忘却の彼方に追いやられていた水辺に対する人々の目線が一変し、今度は都市にとって水辺はなくてはならない場所として市民権が与えられることになったのも事実と思われる。こうした状況の変化が、水辺全体に対する偏見を払拭することにつながり、とくに河川空間は都市の中で唯一自然や生態系が残されている場所、見通しや開（解）放感等を堪能できる場所をキーワードにして表舞台で扱われるようになった。

こうした水辺ブーム到来の十数年前に東京都の江東区、江戸川区では、すでに区内の運河や河川などを再活用する取り組みを展開してきており、とくに江戸川区はその取り組みの一端が親水公園発祥の地となり、宝庫となった。この二つの区では、それまでに未利用、放置状態となっていた運河や排水路、狭小河川の末路としての埋め立てや暗渠化の道を辿る整備を選択することなく、残された水辺を地区の資源としてとらえ直すことにより、親水公園としての息吹を吹き込むことで蘇らせる選択を図った。その結果、区内には縦横に親水公園が張り巡らされることになり、それまでの河川周辺の土地利用もしだいにその姿を変えることになり、工場や倉庫で形成され人通りの少なかった街区は、住宅街に様変わりし人々が行き交う街や水辺に変貌した。いわば都市空間の再生のきっかけを親水公園がつくりだした。換言すると、人が親しめる水との係わりを増やすことがまちづくり効果を生み出したともいえる。その後、この手法は全国的に波及してゆき、河川に背を向けていた地区は再開発に際して建物を川面に開いたり、オープンスペースを河川側に設けるようになった。江戸川区では親水公園を整備することで、それまでのゼロメートル地区、工業地帯といった区につきまとうマイナス・イメージが一掃され、逆に水と緑に恵まれた清涼なイメージをもつ区として認識されるようになり、若年層や幼児期の子どもをもつ家族の移入人口が増加するようにもなった。

この「親水」の用語は、１９７０年（昭和４５年）頃にそれまでの治水・利水に特化した河川機能に対して、新たに付加される機能としての提起であった。この「親水の概念」の提起により、「水のある空間」が「緑のある空間」と同様に有効な環境改善機能を果たすものとして広く認知されるようになった。しかし、本来、河川やその水辺が備えていた機能について改めて「親水」という言葉が用いられるということは、河川が備えていた機能が失われたからに他ならない。

「親水」、すなわち「人と水との係わり」の復権は、都市部では生活環境を豊かにする機能としてすっかり定着し、今日では極当たり前のように親水空間を設ける河川や水路、運河が増えてきている。しかしその一方で、弊害も現れてきている。それは、水辺をもつ自治体がどこも同じような触れ合いや接すること、自然を意識した親水空間を欲した整備を施すことにより、逆に各河川がそれまでもっていた個性を喪失させてしまうという問題である。また、地方においても本来の「係わり」を減少させる事態が起きている。

ある調査で日本の代表的な清流の一つを訪れた時の話であるが、河川空間に親水公園を設置することは一見、係わりの場を増やして親しみを増やすような好感のもてる整備で、河川周辺の住民に対して配慮を施したようにも感じられるが、実際は逆に作用するという指摘であった。それは、河川周辺に住む住民ならば、これまで子どもから大人までだれもが河川のどこでも自由に立ち入ることができた。それが、公園を整備することにより立ち入れる場所の特定化や規制が進むことになり、ある種の囲い込みが起きることになるとして地元民は猛反対、結果、整備計画は中止に追い込まれたという話を聞いた〈2〉。元々地元住民の意識の根底には河川のすべてと係わりをもつという強い姿勢があり、恩恵だけを得るのではなく脅威を被ることも当然承知されていたり、その都度、状況に応じた係わり方をすることが習慣化されてきており、それは生活の中に「教え」として伝承されてきたものであった。こうした〝生きた水辺との係わり〟がこれまで各地に根付いていた。こうした状況を踏まえた上で整備が進むことを望みたい。

■生き物の存在を通して見た人と水との係わり

四国高知県を流れる全国一の清流と謳われた四万十川では、豊富な魚介類が生息することで流域全域にさまざまな漁法が存在し、追い込み漁、火振り漁などが営まれてきた。しかし、ここでも魚類の減少が目立ち、水揚げ量は年々減少していると地元漁師は嘆く。そして、この裏には更なる憂いがあると話を聞かされた。その内容はこうだ。かつて魚が豊富に獲れたとき、その都度、隣近所に配り歩き、ついでにいろいろな日常会話が交わされ、お互いの様子を知ることができた。しかし、魚が減ることで、こうした隣近所へのお裾分けができなくなり、日常的な会話や挨拶が減り、住民同士の交流が激減したというものであった。魚の減少は漁業の衰退を招く一方で、関連する地場産業を連鎖的に衰退化させる要因にもなるため、当然のように危惧されるが、その裏で静かに進行している地域の中の人間関係を喪失させる問題は、表面に現れにくい分、より一層深刻な事態を招いている。河川流域の自然環境・人間環境の結びつきは、長い歴史を経て濃密な係わりを築いてきているため、どこか一つ欠けても地域の系は混乱したり、衰退化する状態に陥る〈2〉。

生き物の存在は、自然の豊かさの象徴であり、水辺に生き物が存在することは人々にとっても親しみがもてる環境といえる。そのため、都市内の水辺でも生き物や生態系の復元に関心が集まるが、その場における自然な状態とはいかなるものか、都会人の求める都合の良い自然的な状態を創出・演出するだけでは、自然に対する認識を誤ることにつながる。他方、最近は元来棲息していた生物相を指標として、復元すべき自然環境の姿を模索する試みも検討されるようになってきた。

■「危険負担」や「災害文化」を通して見た人と水との係わり

河川流域には氾濫原も含まれるため、親水に配慮するばかりではなく、浸水や洪水などの災害およびその被害に対する備えについても考慮が要されてくる。とくに都市住民が求める親水性は、多くの場合管理された状態のものであり、利用者側からみて都合の良いものに限られている。そのため、親水に求める自然も本来の姿ではなく自然らしい雰囲気があれば満足され、逆に本来の自然は厄介者かもしれない。こうした姿勢が水のもつ脅威性や脆弱性という側面に対する認識を薄くしており、水と触れ合うことで知り得る経験や会得される体験の機会を少なくし、水と接する上での「危険の負担（リスク）」に対して無頓着になり、事故に遭うケースが増えている。

では、地方の河川の状況はどうかというと、多くの河川において住民は河川と長年つき合う中から学んだ、どうすれば危険的状況を回避できるかを経験的に理解している場合が多い。そのため、例えば、子どもに対して川での遊びについては、ただ単に危険な場所に近づかないことを教えるものではなく、何が危険なのか、そこでの遊び方や危機回避のルールを教えている。こうした地域では子どもの川での事故の発生件数はきわめて少ない。ただ、住民生活から河川が遠のく状況が進展してゆくと、その先に現れる事態についてはおおむね想像がつく問題でもある〈3〉。

一方、流域ごとに歴史や風土に培われてきた伝統的な技術の見直しを図ることが奨励され、秋田県や三重県の集落の環境整備において取り入れられた輪中堤による治水対策が、その後全国的に復権してきた。これは洪水常襲地帯と呼ばれてきた河川で、国は1999年に「河川伝統技術の継承と発展」を提言し、それに基づき2001年から輪中築堤を行う水防災対策特定河川事業の実施によるものである。わが国の河川流域の中には、地域に甚大な水害による被害を与えてきた河川がいくつかあるが、こうした流域には「災害文化（自然災害を受けやすい国土の条件と歴史の中で、人が自然との係わり方から環境を持続的に維持しつつ、自然を有効活用する生活の知恵や平常時は表に出ないが、災害時に避難行動や相互扶助の形で現れる地域の潜在的な文化〈4〉）」が醸成されているところが多く、河川近傍に住むことで水害などを被ることは、ある程度やむおえないことと理解されてきた。その上で、被害を最小化するための減勢治水や減災化のための河川伝統技術にみられる各種方策が段階的に取り入れられており、日常生活の中では、浸水時、避難時、復旧時を想定した準備がされ、揚げ舟、水塚、水蔵、揚げ床、構え掘りに加え、室内の腰壁を板張りにすることで壁の崩落を防いだり、床下に水捌けの良い川砂を敷くことで復旧を早める手立てを施すなど、特有の備えが各戸でなされている。こうした過去の被災経験の活かし方は、災害が発生する兆候のとらえ方や、災害に対する対応や行動の仕方、被災後の対処とともに、自助、共助のあり方などについても、地域住民の生活の中に潜在的に根づき、親世代から子や孫世代へと生活の知恵として伝承され、それが「災害文化」として息づいている。淀川や木曽三川、利根川、信濃川の各河川流域には、災害文化を背景に構築されてきた住民間の連帯意識や絆、掟のようなものが、伝統的治水技術とともに住民生活の中に継承されてきていた。しかし、近年の治水対策事業の進展は、こうした文化を不要化、形骸化させてきており、それは住民間の付き合い方の変化、生活様式の変化、建築の建て方の変化として顕在化し、地域の水との係わりが築いてきた生活景を大きく変えてきている。

■人と水との関係性の構築

日本各地には、地域の中に水網と呼ばれるような水路を張り巡らせた場所が比較的多くみられ、郡上八幡や琵琶湖の畔の高島市針江集落はその代表的な場所となっている。水路を集落や町の中に張り巡らせた地区では、共通した人と水との係わり方をみることができる。こうした地域では水路を使う上で、上流の住民は下流の住民への気配りを忘れず、排水は流さず、水は飲用、濯ぎ、洗いと区別されて段階的な使い方をするなど、水に関する不文律や規範意識が根付いた地域社会を形成してきている。このような水の使い方は日本に限らず中国においてもみることができる〈5〉、〈6〉。渡部一二氏（多摩美術大学名誉教授）はこうした水との係わりを郡上八幡の調査から〝水縁〟と呼んでいる〈7〉。

人と水との係わりについては、人間に対して単に特定の形態や地理的条件下におかれた水と接することによる一時的な心理的反応特性（心理的評価）に基づく水の有用性を指すのではなく、恒常的に作用する「水のある空間」と人間との間の「関係性」を指すものである。

　親水至上主義的な状況も垣間みられる中で、人と水との係わりを本来のかたちで構築するためには、人間に取って都合の良い部分だけを切り取った関係性の構築では限定された一方的な関係となるため、生きた水との関係を築くことはできない。改正された河川法の後押しもあろうが、「系（システム）」としての水との関係性を築くことの認識を深めることが必要と思われる。

◎参考文献

〈1〉日本建築学会編：親水空間論—時代と場所から考える水辺のあり方、技報堂出版、2014
〈2〉余暇開発センター：河川の親水利用における安全対策の総合的研究 第Ⅰ部、2000
〈3〉日本建築学会編：親水工学試論、信山社サイッテク、2002
〈4〉国土庁計画調整局：21世紀のグランドデザイン、時事通信社、1994
〈5〉鈴木尚美子、畔柳昭雄：水網集落における水利用形態と建築空間に関する研究—滋賀県高島市の2集落を対象として、日本建築学会 計画系論文集第611号、7~14頁、2007
〈6〉畔柳昭雄、市川尚紀、孫旭光、鈴木直：中国雲南省麗江・大研古城の住民生活と水利用に関する調査研究—三眼井に見られる水利用の変容 その1—、日本建築学会計画系論文集第672号、359~367頁、2012
〈7〉渡部一二：水縁空間—郡上八幡からのレポート（住まい学大系）、住まいの図書館出版局、1993

第1章　河川環境の後退と親水概念の登場

1　都市内中小河川と人々の結びつき

1995年（平成7年）頃から高度処理水を放流することで、清らかな流れが呼び戻された東京都目黒区内を流れる目黒川では、流れの再生と時を同じくして目黒駅近傍の河畔に沿った街区に賑わいが生み出されるようになった。元々表通りとなる目黒通りと比べて人通りの少ない裏通り的な雰囲気の漂う目黒川の河岸沿いの狭い通りには桜並木があり、桜の咲き誇る季節は人々で賑わいを見せるが、桜が散ると同時に人々の姿もまばらになってしまうような場所であった。そのため、店を開ける店舗も少なく95年（平成7年）頃は川沿いの通りに面して立つ店舗はわずか3軒しか存在しなかった。その一方で、目黒川では「城南三河川清流復活事業（1995年）」により、落合水再生センターで高度処理された再生水を河川の水質浄化を目的として放流することで川の流れが復活した。このことを契機として目黒川の周辺地区では店舗の開業数が増加傾向を見せるようになり、2002年（平成14年）頃の飲食店はそれまで22店舗程しかなかったものが、その後年々

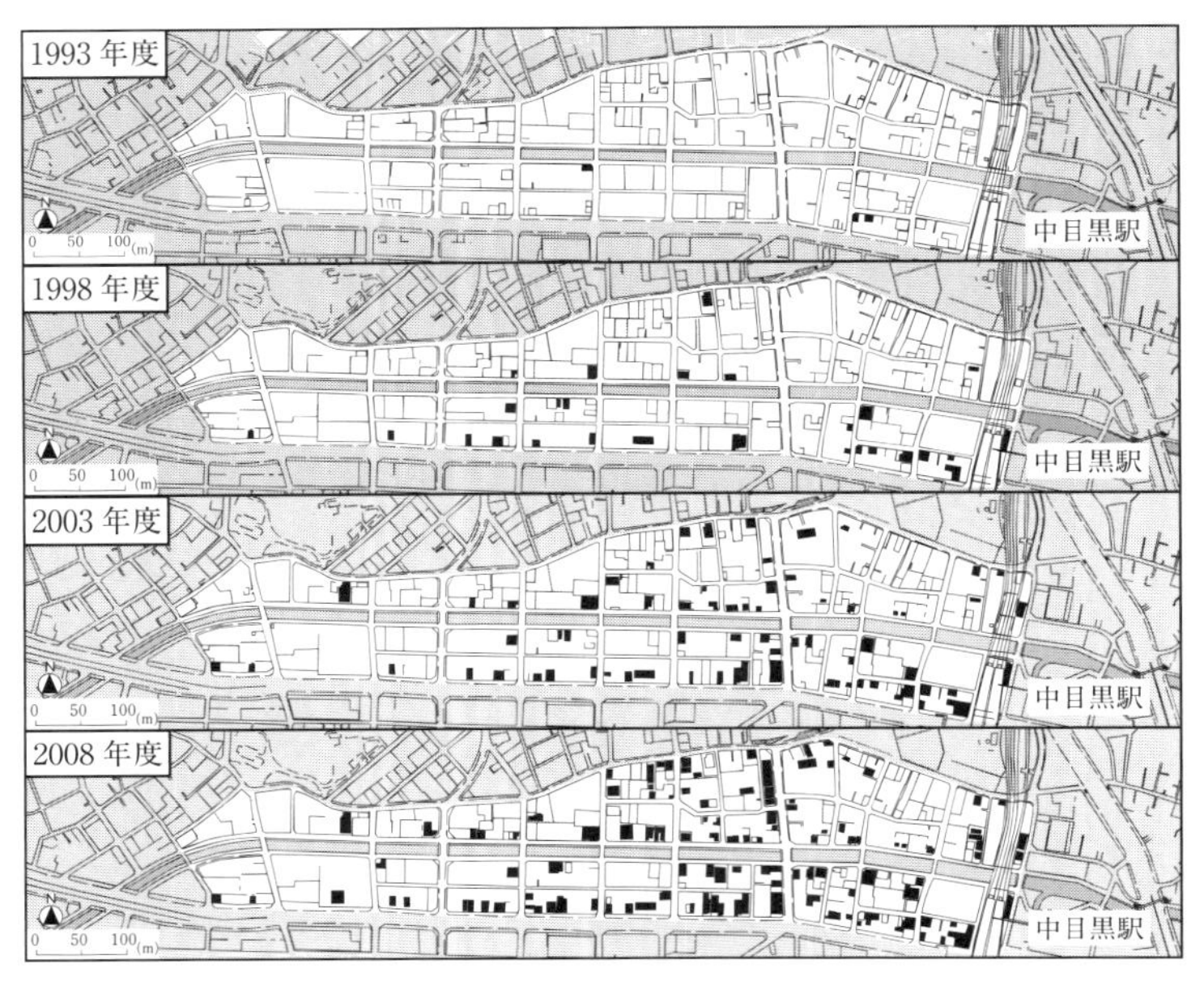

図-1　目黒川周辺の商業施設の増加傾向

増え続けることで２００８年（平成２０年）には５９店舗にまで増加した。また、ブティックも１２店舗から５１店舗にまで増加した。さらに、目黒川沿いの通りに限定して店舗数をみて行くと、１９９３年（平成５年）にはわずか１店舗であったものが、９８年（平成１０年）に１０店舗になり、０３年（平成１５年）には２７軒、０８年（平成２０年）には４１店舗を数えるまでに増えている。そして、この川沿いに開業したブッティックやオープンカフェ、飲食店などでは、川面を意識した店舗デザインや川を眺めるように配したテラスを設けるようになり、おしゃれな店が建ち並ぶ街並みとしても人

写真 -1　広島京橋川オープンカフェ

写真 -2　広島元安川オープンカフェ

気の的となり、表通りに負けない人通りの絶えない場所へと変貌した。復活した川の流れが人の流れも生み出した好例といえる。

目黒川以外にも各地の都市内河川ではさまざまな取り組みが展開されているが、広島市内を流れる太田川水系の元安川、京橋川や大阪市を流れる道頓堀川、堂島川では、快適性の高い水辺空間の創出や新たな活用方策を模索する取り組みとして「水辺の社会実験」が展開されてきている。これは２００４年（平成１６年）３月に国土交通事務次官通達として「都市及び地域の再生等のために利用する施設に係る河川敷占用許可準則の特例措置について」が通達され、河川局長の指定の基に水辺に一定の施設の設置が許可されることで、水辺の利用促進の検討がなされてきたものである。ちなみに、広島の２つの河川では、地元特産の牡蠣を扱ったレストランやオープンカフェを、おしゃれな仮設型店舗で営業することで、人気の場所となっている。一方、大阪では川床と称される京都鴨川の川床と同じような形態の縁台を既存の飲食店の川側に設置することで、川面を眺めながらの食事が楽しめることで人気を博している。そして、２０１４年（平成２６年）には東京においても「水辺の社会実験」

として日本橋川で同様の川床を模したカフェがオープンした〈1〉。こうした自治体や国による積極的な整備事業などにより河川再生による街並み再生やまちづくりは各地で増えており、水辺の活用やその重要性、有用性は万人の知る所となっている（**写真－1、写真－2**）。

■生き物に対する関心

こうした都市内河川の再生を図ることによるまちづくりや川づくりに対して期待感が高まる一方で、必ず話題になることがある。それは「人が河川と親しめるような自然環境の回復」であり、生き物に対してはいかなる環境的配慮を施すかについて、がある。そのため、「環境や生物にやさしい」、「さかなの棲む環境」、「自然溢れる川づくり」などの各種環境整備事業は、しだいに微生物の定着素材の開発やビオトープ形成技術などの修復技術に話がすり替わり、本質的な意味での人と水との係わりに関する議論を隅に追いやってしまう場合もある。

６０年代の都市化の急速な発展は、下水等の社会基盤整備の立ち遅れを招き、都市内中小河川を廃水路化、溝渠化することで流路の効率化を追求し、コンクリート三面張り護岸の普及が促進された結果、河川に生息していた生態系を消滅させてしまった。こうした過去の経験に対する反省から９０年代後半になり、河川環境の自然再生への取り組みがはじまり、その切り札的な自然再生、生物生態系復元の手法として〝ビオトープ（Biotop）〟導入が進められるようになった。

そもそもビオトープとは生物の生息のための最小単位の生息環境で周辺環境から明確に区分でき

る生活圏の意味を指すが、わが国に紹介された８０年代後半頃は、河川改修による無味乾燥なコンクリート護岸の表面を緑豊かな自然堤防に近づけたり、水辺の景観を復元しながら、生態系も復元できるたいへんに重宝な河川改修工法として紹介され、それに相応しい呼称として「近自然工法」、「親自然工法」の呼び名がつけられた。

こうした工法の基本となったビオトープの考え方は、元々はヨーロッパで誕生したものであり、それは国土が広く起伏に富みインフラ整備が追いつかない農村地域において、地域で排出される生活廃水や汚水の浄化を、地域を流れる自然河川のもつ生態系による水質浄化能力（リビングフィルター）に依存して浄化を図ろうとするものであった。そのため、河川内においてバクテリアの棲息しやすい環境を形成するために、川底や瀬、堤、川淵などで石や岩が積み重なることにより生み出される多孔質な環境状態を維持保全する必要があり、それは河川の自然景観形成とも深く結びついたものであった。

ところが、日本においてはビオトープとしての生物生息空間の形成効果と自然環境形成の部分だけが切り取られ、そこに関心が向けられるようになってしまった嫌いがある。そのため、こうした工法に基づき河川整備が進み水と触れ合える環境が整えられてくると、ビオトープと称して代替的な生物回帰がなされる状況もみられ、偏った生態系や地域性のない生態系、多様性のない単一な生態系が構築されている場合が多い。こうした取り組みはそれなりに人々が水辺に関心を抱くきっかけづくりとしての意味はあるが、本質的な自然環境の回復とはいいづらい面もある。

■水辺と人間活動の結びつき

都市の中の中小河川は日常的に人々と接する河川であり、水辺であり、都市にとっては貴重な自然空間である。しかしながら、1960年代の都市化の進行は、河川空間の暗渠化や埋め立てを行政側が積極的に推し進めることで、ほぼ原風景を留める河川の存在を無くす状況を生み出してきた。このような状況に対して、人々の都市アメニティや自然環境に対する危機意識が高まりを見せることで、1980年代後半には水辺の価値が再認識され、親水テラス、緩傾斜護岸、魚巣ブロックの設置など「親水性」や「生態系」に配慮した河川整備事業が展開されるようになった。その結果、金太郎飴的と揶揄されるような親水空間の整備が進み、どこにも特徴の無い退屈な水辺の姿を見せるようになった。こうした水辺の空間整備は人間活動の便益を前提にしたものであり、本来の都市内中小河川がもっていた、水や水辺と人間活動の結びつきに配慮した河川環境の再構築を目指したものとはいえない整備であった。

では、河川は水清く川床に繁茂する水草や魚の泳ぐ姿が垣間みられるなど、生物的な環境状態が良好でなければその存在価値はないのかというと、必ずしも自然や生態系が豊かな状態に置かれていないいくぶん透明度が低く濁りを見せる水質で、人々の目を楽しませる生物生息が期待できない河川環境であっても、水辺に求められる親水欲求に対して応えている場合がある。とくに都市内を流れる中小河川の場合、流れや水質が必ずしも満足されない状態であっても、河岸に沿った歩道や道路で、散歩、ぶらぶら歩き、立ち止まって水面を眺めたり、橋上から遠方の眺めを楽しむことで、気分転換などがなされていれば、それは、河川との間接的な係わりが保たれていることになり、河川のもつ親水機能の役割は果たされているといえる。また、今日的な水辺に対する関心の高まりが後押しすることで、水質も一時期よりは改善が図られてきている。

そこで、都市化の著しく進展している東京23特別区の都市内中小河川である石神井川（北区、板橋区、練馬区を流下）目黒川（目黒区、品川区を流下）を取り上げ、生き物の存在とそこで展開された人間活動についてみてみることにした〈2〉。

都内を流れる河川の多くは第二次世界大戦前後に河川改修や背後の都市化によりその姿を大きく変えており、目黒川、石神井川においても主に大正期と昭和期の高度成長期前後に行われた河川改修を機に姿を変えている。二つの河川ではそれぞれ流路の直線化が図られ、品川区と目黒区では目黒川の舟運利用のための運河への転換事業が行われ、板橋区と練馬区では耕地整理に伴う河川改修事業が行われた。また、北区では水害が頻発したため、水害対策としての河道の直線化が図られた。こうした河川改修は、河川周辺部の土地利用との関係性が深く、主な土地利用をみると、両河川の河口部である品川区、北区では利水のために明治期から工場立地が進みはじめ、石神井川上流部の練馬区、板橋区は終戦後までほぼ農地利用であった。そのため、空地率（オープンスペース率）をみてみると目黒川、石神井川共に1900年後半の明治期以降から1994年（平成4年）時期までのおおむね100年の間に、終戦後の一時期を除き空地率が減少していることがわかる。これを各区ごとにみると、練馬区では高度成長期前を境に、その他の区では大正期を境に、急速な減少傾

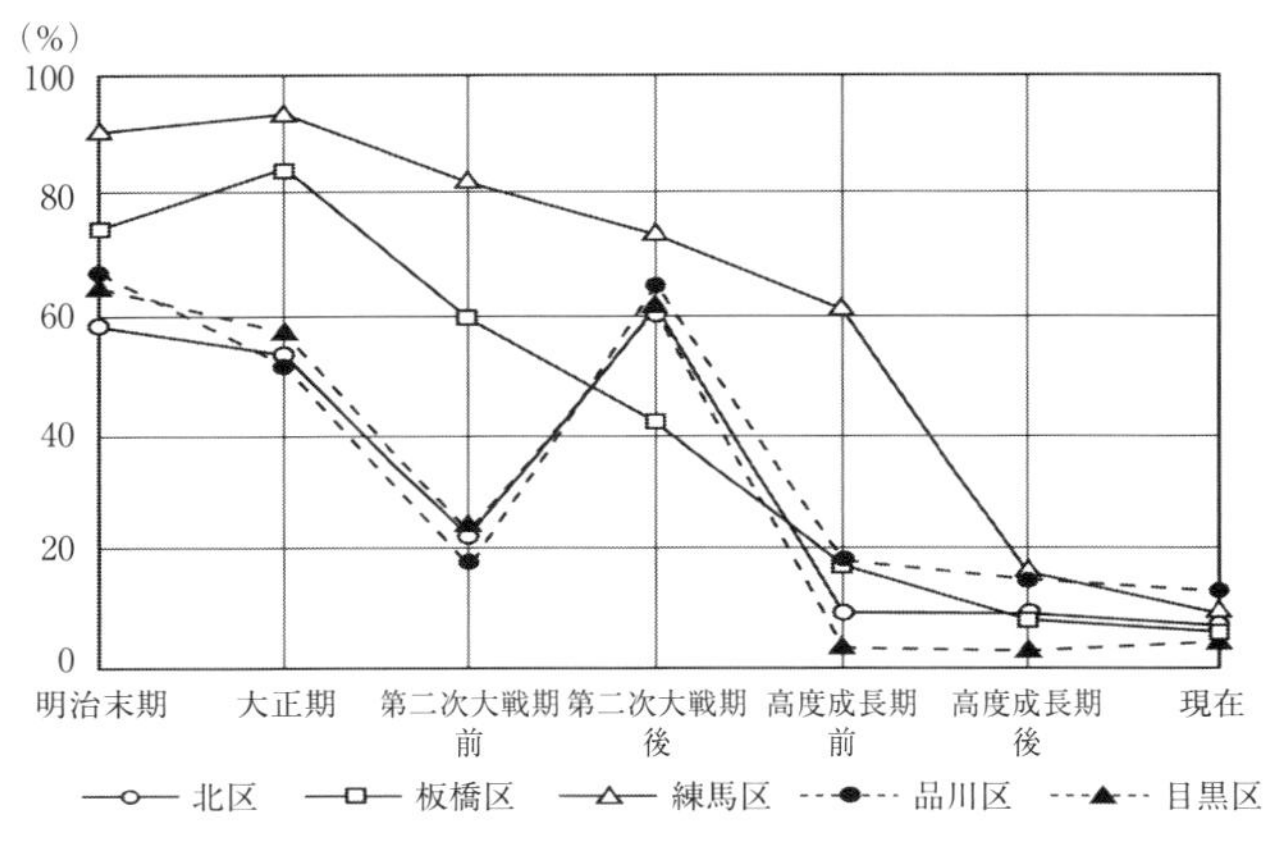

図-2　河川周辺のオープンスペースの変化

向がみられる。とくに第二次世界大戦期前には、目黒区、品川区および北区では、２０パーセント前後まで急速に減少しており、第二次大戦期後は戦災の影響で６０パーセントまで増加している。高度成長期後からは各区とも１０パーセント前後までの減少を示している（**図-２**）。

では、石神井川、目黒川の生物生息は如何なる状況に置かれてきたのか、魚類の生息をみると、清浄な水質とされるＢＯＤが２・５mg／Ｌ以下の水域に生息するオイカワが目黒区内の目黒川においては第二次世界大戦前まで生息していたし、石神井川でも板橋区、練馬区あたりで終戦後もその姿がみられている。このオイカワの生息できる環境から河川の当時の様子を考えると、目黒川、石神井川は共に水質良好な清流で、流速もあり平瀬のある河道は蛇行した河川形状であったものと推察される。また、流れの穏やかな止水域に棲むメダカやドジョウおよび捕食性のナマズ、ウナギも生息していた。ということは、餌となる生き物が河川内に生息しており、河川の生物相は多様性に富む状況であったことがわかる。この他に目黒川では目黒区と品川区、石神井川では北区において、それぞれスズキ、ボラ、ハゼなど汽水域に生息する魚類の生息も確認されており、両河川共に感潮域がかなり区内の上流部にまで達していたことがわかる。

鳥類に関しては、石神井川では水鳥が多く生息しており、カワセミ、サギなど捕食性のある鳥類が第二次世界大戦以前まで生息していたが、河川改修が進むことにより、鳥類の生息環境に変化が生じることで減少し消滅に至っている。とくにカワセミは、自然の土による土手や堤がコンクリート護岸に変わることで営巣行為ができなくなり、姿を消していった。一方、河川の水質悪化の影響を受けにくいカモ類も目黒川には飛来することはなく、石神井川でも高度成長期までにその姿を消している。これは両河川で進められた護岸整備に伴う河床の低下による影響と思われる。

その他水生生物では、石神井川においてＢＯＤが５mg／Ｌ以下の水域に生息するホタルが第二次世界大戦以後まで生息し、砂泥に棲むシジミは大正期まで生息していた（図－３）。

こうした河川に生息する生き物の豊かさは、河川のもつ自然の豊かさを表すものであり、生き物が生息している環境は、基本的に人々にとっても親しみがもてる環境となる。そのため、水鳥や魚介類、底生生物、水生植物などの多用な生き物が生息する水辺の形成は、人々に水辺に対する興味や関心や、好奇心を抱かせることになり、人々の親水行動を誘発し、親水行動における接水活動（水に直接触れる活動：釣りや水遊び）を提供する場になり、水辺に人々を集めることにつながり賑わ

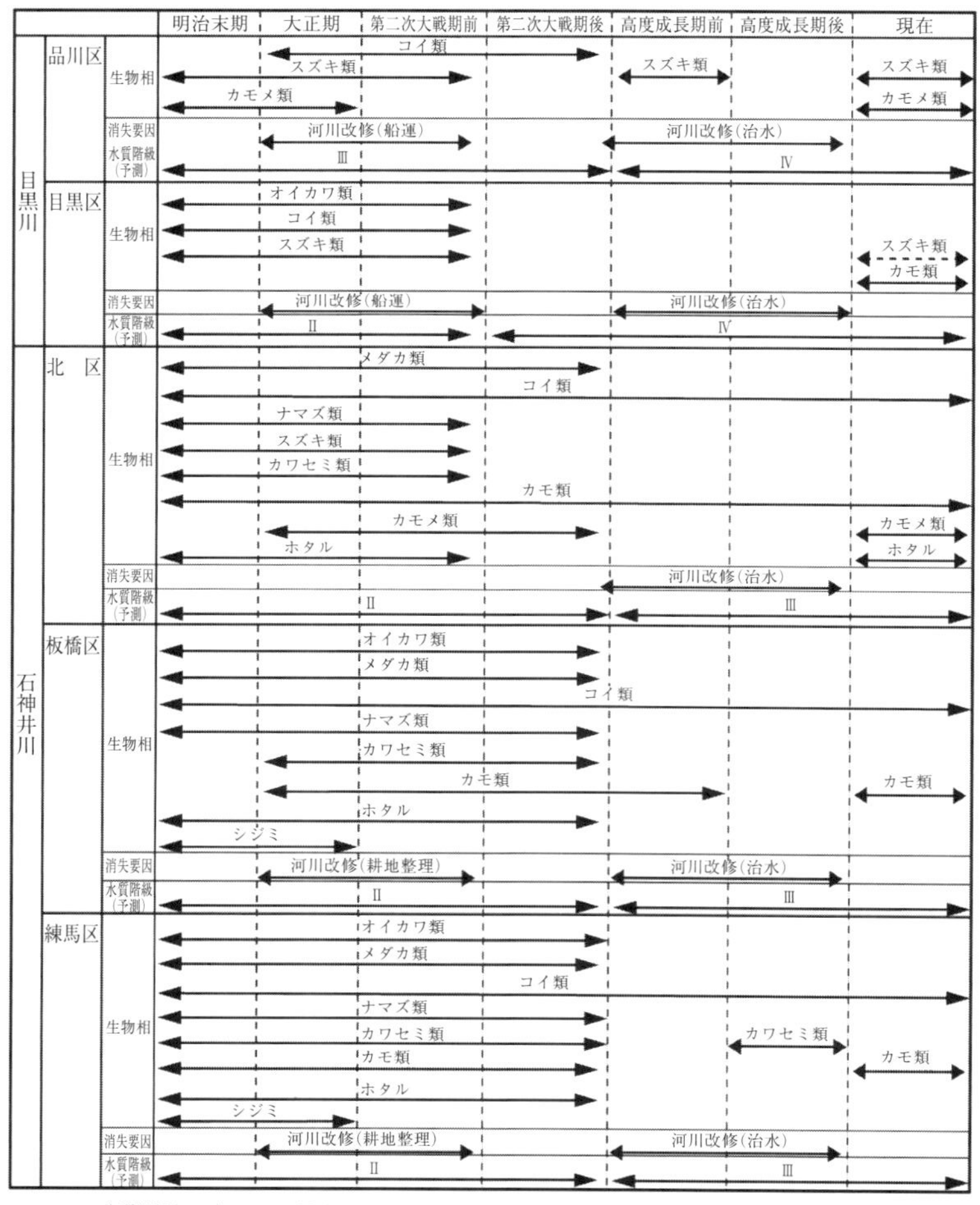

水質階級（BOD）　Ⅰ：3 mg以下　Ⅱ：5 mg以下　Ⅲ：10 mg以下　Ⅳ：10 mg以上　注）まれに見られる場合 ◀- - - - -▶

図-3　目黒川・石神井川の生物状況調査結果（住民へのヒアリングをもとに作成）

いや楽しさを生み出すことになる。しかしながら、都市化により住宅地開発など河川背後の土地利用の変化が進み、それに起因した河川改修が進みはじめると、しだいに河川内の生き物は姿を消してゆき、水質変化に弱い魚介類は一挙に姿を消すことになり、餌となる魚の消滅が連鎖的に鳥類の姿も消しさることになる。そして、極限られた生き物だけが生息する場と化してしまった河川では、人々の活動も停滞化するようになり、釣りや魚取りなどの水に直接依存し興じた活動は途絶えてしまい、わずかに水辺周辺で行われてきた川面を眺め

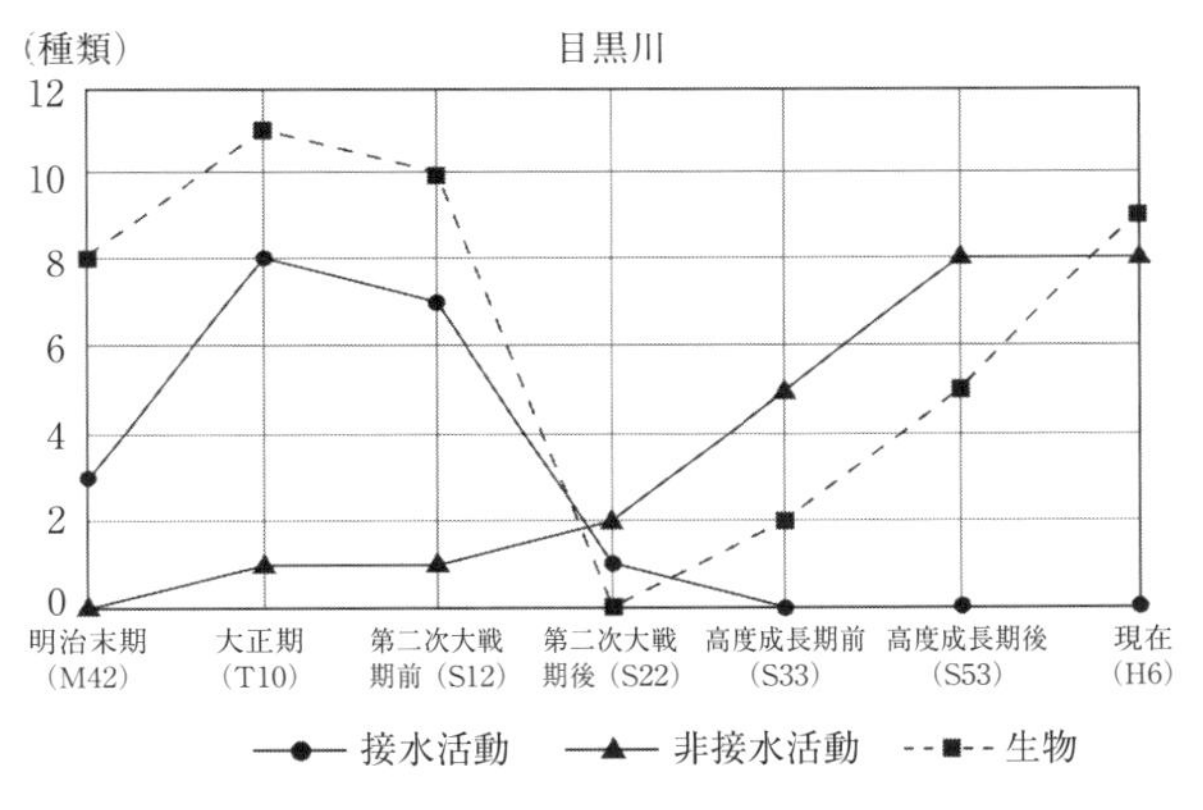

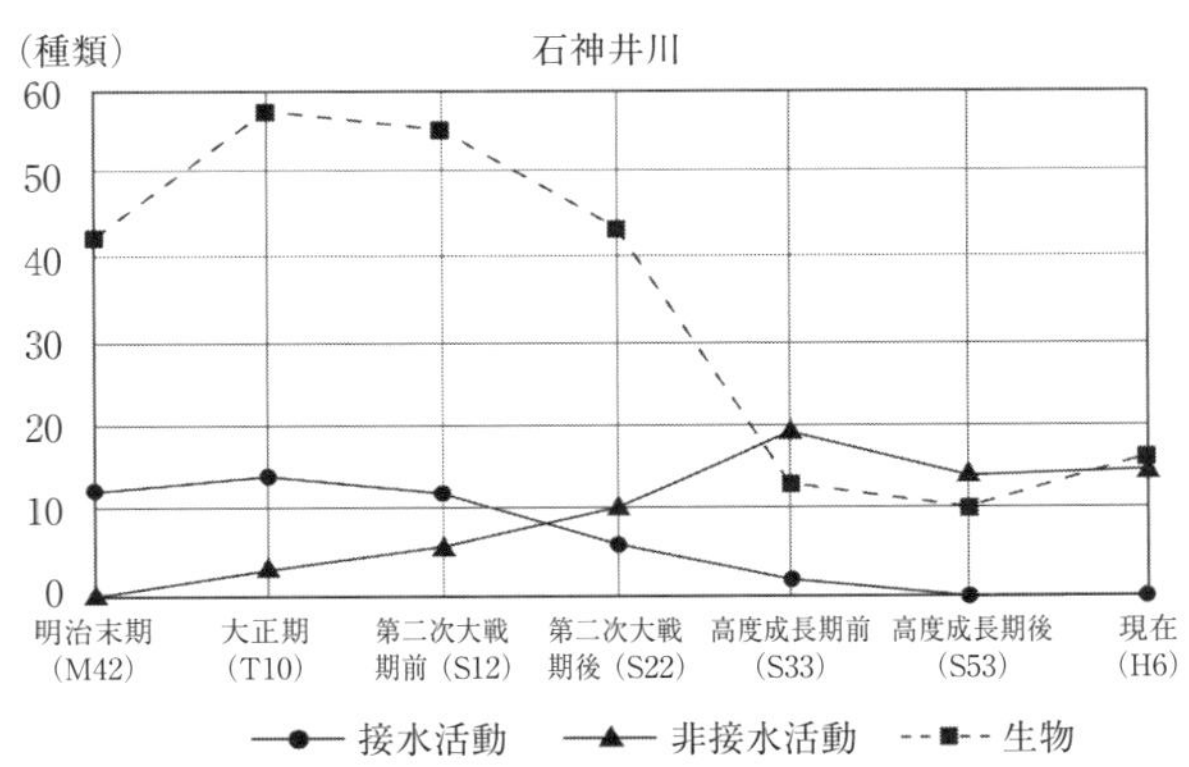

図-4　生物および接水・非接水活動

たり、散歩するなどの間接的活動が行われるに過ぎない場所へと変わり、人々の姿を河川から消し去ることになる。そのための代替的措置として、今日一般化しているコイやフナなど、比較的水質の悪い環境においても生息する魚類を放流する生物回帰的な水辺づくりが多いが、これは本質的な水辺の回復とはいえない。こうした方法では、人々の活動も非接水活動（直接的には水に触れない活動：散策など）による水辺との係わりになりやすい。このことを目黒川、石神井川の調査を通してみてみると、どちらの河川も生き物の生息が豊かな時期には接水活動に限らず非接水活動も同様に行われていることがわかる。しかしながら、生き物が減少してくると接水活動は停滞傾向を示し、非接水活動に限られた利用傾向を示していることがわかる。このことから、水辺は単に存在すればよいというのではなく、その場の固有性や原風景的な環境形成に基づく正常な食物連鎖が維持される生態系を備えた水環境の構築を目指すことが重要といえる（図－４）。

2　都市近郊地域の河川と住民の結びつき

都市化の進展は、里山など比較的人々の暮らしに密接した自然が存在してきた都市近郊の農村漁村地域においても海岸線の埋め立てや河川の護岸改修などの大規模工事が進められることにより、人口の増加や宅地開発、周辺土地利用の改変が進められることで、人々の日常生活の中から自然を遠ざけ、四季折々の季節感やその移り変わり、生き物などとの係わりを希薄なものにしてきている。

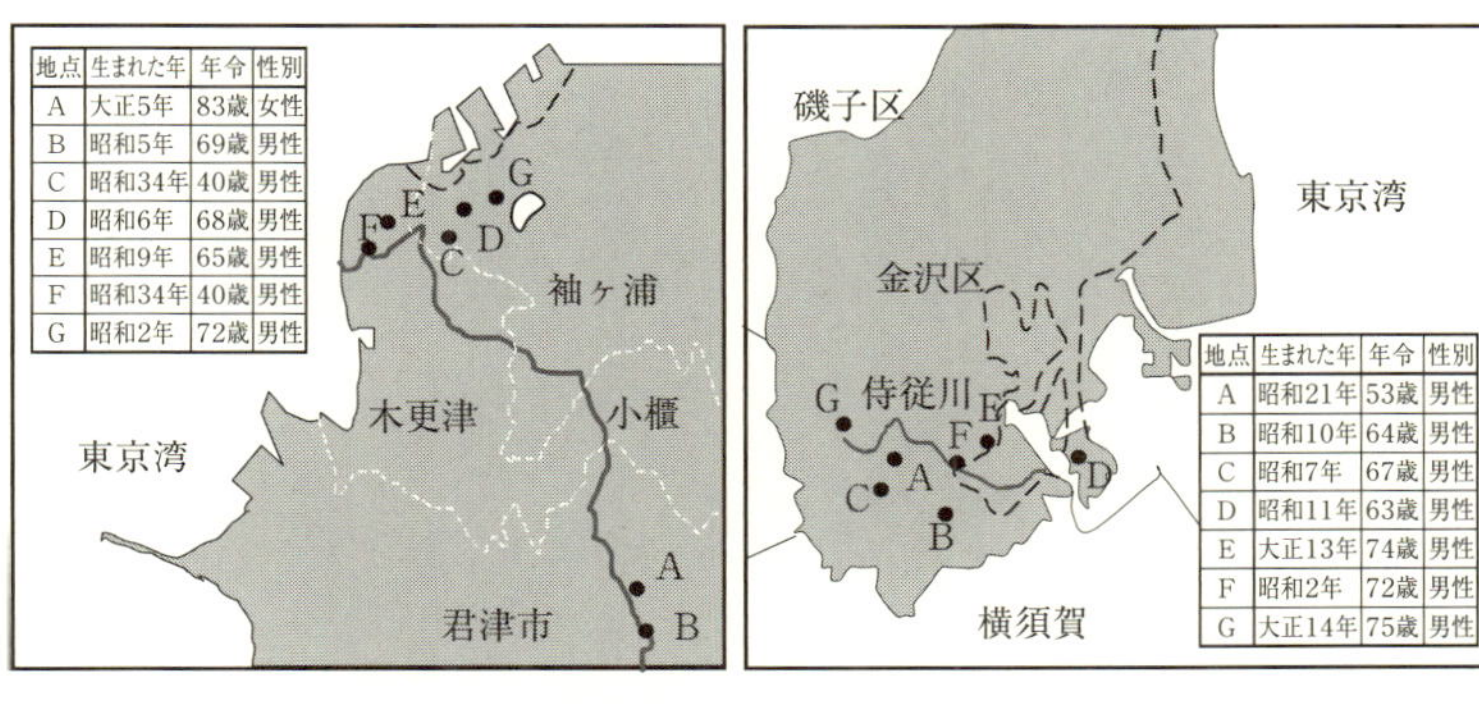

図-5　小櫃川と侍従川の位置（破線は昭和初期当時の海岸線、枠中は聞き取り対象者）

そこで、東京湾内で唯一河口部に自然の干潟が残されている千葉県木更津市・袖ヶ浦市・君津市を流れる小櫃川（二級河川：県河川課管理距離77キロメートル）流域と河川改修により護岸整備が行われている神奈川県横浜市金沢区を流れる侍従川（二級河川：県河川課管理距離2キロメートル）流域を対象として、かつての河川と生物生息およびこれらと住民生活の関係性について、地域の歴史家や古老から聞き取りを行い、人と水や自然との係わり方をとらえた（**図-5**）〈3〉。

■小櫃川流域の生物状況

小櫃川流域では、昭和元年頃までは上流域にみられる生物相は豊かで多様性ある自然環境が存在していた。しかし、1975年（昭和50年）前後に行われた川回し（千葉県上総地方南部の丘陵を流れる河川における河川曲流短絡工事）の実施により、河川環境が大きく変貌すると、ほぼ時期を同じくして水生生物も姿を消していった。中でも泥底に棲むウナギ、ドジョウの底生生物や止水域に生息するタナゴ、メダカおよび淵、瀬、ウロに棲むハヤが姿を消した。こうした魚類の減少は河川整備による底質変化と河道の直線化などの影響により生息場（餌場、棲み家）が消失したためであり、冷水性のヤマメ、ヤツメウナギも減少していることから、河川整備が川の水温にも影響を与えたものと思われる。また、上流域では山林に生育する植物も減少したことを住民は指摘していた。

小櫃川の下流域をみると、1961年（昭和36年）に制定された拠点開発方式により干潟をもつ海岸線が次々に埋め立てられ、工業地帯が建設された1965年（昭和40年）代初め頃から、タナゴ、カレイ、オコゼ、ハゼ、クルマエビ、イシガニなどの干潟を含む砂泥底に生息する魚類、甲殻類が減少していった。このことは埋め立てにより干潟が消滅して底質が変化した結果、生息環境として適応できなくなった生物が消滅していったものと思われる。さらに、鳥類においても同時期にモズ、ホオジロ、オナガ、ムクドリなどの農耕地に生息する鳥類が減少しており、生息場所であった農耕地にも開発の影響が及んだものと思われる。その中でホオジロやメジロなどの田園集落や周辺樹林に生息してきた鳥類は、採餌場を民家の庭木などに移動することで、生息環境の変化に適応している。また、草原や農耕地などの開けた場所を好むキジの増加も指摘されたが、こちらは埋め立てや山地の開拓、宅地造成が進むことで繁殖が進んだものと思われる。

また、農業用水路を有する地域では、埋め立てがはじまると同時期に水路に廃水が流されるようになり、それまで生息していたシラウオやテナガエビがみられなくなったと指摘された。これらの種は生息環境の急激な変化に追従できず姿を消しており、地域が環境変化の影響を受けたことがわかる。一方、止水域を有する地域では、オオクチバス、ブルーギルといった帰化魚種が人為的に放流され、それが繁殖することで元来の生態系に影響し魚種が減少したとの指摘を聞いた（図-6）。

■侍従川流域の生物状況

神奈川県横浜市金沢地区を流れる全長5キロメートル程の侍従川の流域では、上流部の沢にホタルやトンボが生息し、河口部にはボラが蝟集したり、潮干狩りのできる干潟があるなど、小規模河川ながら凝縮された生態系がみられた。この河川の流域では、1941年（昭和16年）頃から田畑の減少がはじまり地域の農業が衰退した。1945年（昭和20年）代に入り農耕地を中心に生息するモズ、ホオジロといった鳥類や、農業用水の止水域などに生息するギンヤンマなどの昆虫類が減少した。そして、昭和30年代から40年代にかけて山地、雑木林、草原、止水域などに生息するゲンゴロウ、ミズスマシ、クワガタなどの昆虫類やナガイモ、ワラビなどの植物が減少しており、田畑に引き続き山林にも開発が進行した。また、河川の護岸をコンクリート化した時期に、河川内の生態系維持に要される淵や瀬、ウロ、石など生息環境が失われることで、そこに生息していたハヤ、アユの姿がみられなくなり、侍従川の河道の単純化は魚類の生息場（餌場、棲家）を消滅させるとともに多様性を失うことになった。その後、20年程の時間を費やし1989年（平成元年）に入り、しだいに水質環境が改善されることで鳥類を中心に生物がふたたび増えはじめた。

このように都市化や開発行為により農地や山林、海岸が減少することは、魚類や鳥類、植物や昆

年	上流域（A・B地点） 生物 魚介類（甲殻類を含む）	上流域 生物 鳥類	上流域 生物 昆虫類（水生生物含む）	上流域 生物 草木類	開発	農業用水路域（C・D地点） 生物 魚介類（甲殻類を含む）	農業用水路域 生物 鳥類
昭和 元年（1926年）、10、20、30、40、50、60、平成 元年（1989年）、11	ヤマベ(冷)、ハヤ(淵・瀬・う・石)、タナゴ(止・岩)、ヤツメウナギ(冷) アユ(淵・瀬) ウグイ(淵)、エビ、オイカワ(砂泥・泥・藻・淵・瀬)、フナ(止・淵) ウナギ(浅)、ドジョウ(泥)、メダカ(止)、マルタバヤ	アワチドリ(山) スズメ(田)	アブラゼミ(枯)、ツクツクホウシ(雑)、ホタル、ミンミンゼミ(山)、アオガエル カブトムシ(樹) オナガミズアオ、ダルマガエル	柿(山)、ドクダミ(林・湿)、コナラ(雑)、アズマネザサ、クリ(山)、ジャノヒゲ(林)、セリ(田・湿・河・水)、ドクウツギ(草・日・河)、フキ(山・湿)、フジ(山)、マダケ(林) ウラシマソウ(林) エビネ(山・丘)、ミツバツツジ(山) クマガイソウ(林)、キンラン(林・山・雑)	処分場、操業開始 河川整備、ダム建設、川回しが行われる	フナ(止・淵)、ナマズ(泥・砂・岩・水草)、ウナギ(浅)、コイ(淵)、ドジョウ(泥)、タナゴ(止・岩・水)、カレイ(砂)、クルマエビ(砂)、オコゼ(砂)、ハゼ(砂・藻)、アイナメ(岩) アカエイ(砂)、イイダコ、イシガニ(砂・礫・岩)、オコゼ(砂)、ダス モクズガニ、	アオバズク、ウグイス、カワセミ キジ(農)、ゴジュッケイ、モズ(農)、トラツグミ、ツグミ、ホオジロ(農・田)、アオジ、メジロ(田) カラス(農) アオジ、オナガ(農)、セキレイ、ヒヨドリ(田)、フクロウ、ムクドリ(田・農)

▭：網かけ部分は埋め立てなどによる地形改変が進んだ時期

→：生物の生息時期　- - ->：生物の減少時期

（住民への聞き取り調査結果に基づく）

図-6　生物生息状況の変化（小櫃川流域）

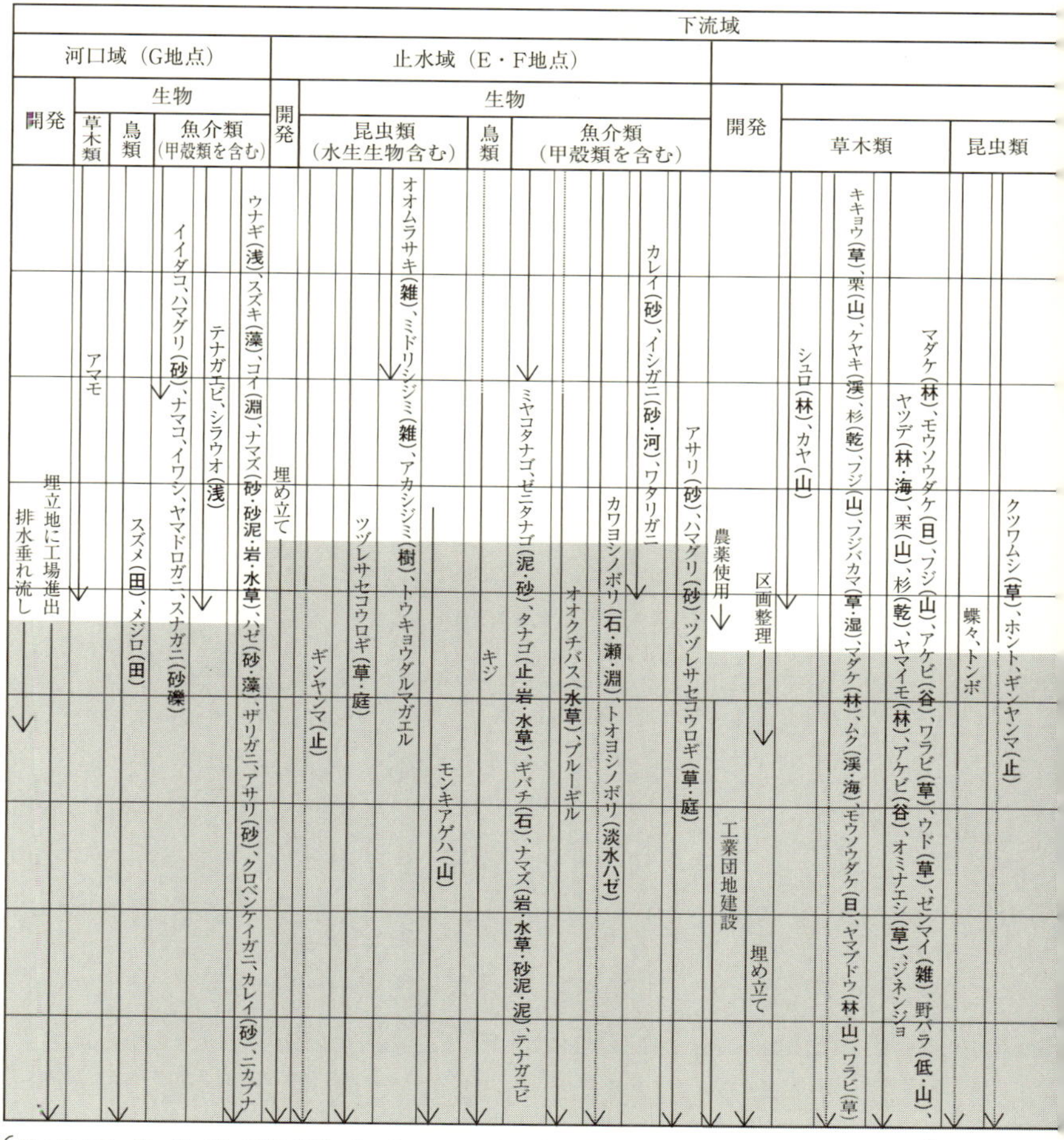

下流域										
河口域（G地点）				止水域（E・F地点）						
開発	生物			開発	生物			開発		
	草木類	鳥類	魚介類（甲殻類を含む）		昆虫類（水生生物含む）	鳥類	魚介類（甲殻類を含む）		草木類	昆虫類
排水垂れ流し 埋立地に工場進出	アマモ	スズメ（田）、メジロ（田）	イイダコ、ハマグリ（砂）、ナマコ、イワシ、ヤマドロガニ、スナガニ（砂礫） テナガエビ、シラウオ（浅） ウナギ（浅）、スズキ（藻）、コイ（淵）、ナマズ（砂・砂泥・岩・水草）、ハゼ（砂・藻）、ザリガニ、アサリ（砂）、クロベンケイガニ、カレイ（砂）、ニカブナ	埋め立て	ギンヤンマ（止） ツヅレサセコウロギ（草・庭） オオムラサキ（雑）、ミドリシジミ（雑）、アカシジミ（樹）、トウキョウダルマガエル モンキアゲハ（山）	キジ	ミヤコタナゴ、ゼニタナゴ（泥・砂）、タナゴ（止・岩・水草）、ギバチ（石）、ナマズ（岩・水草・砂泥・泥）、テナガエビ オオクチバス（水草）、ブルーギル カワヨシノボリ（石・瀬・淵）、トオヨシノボリ（淡水ハゼ） カレイ（砂）、イシガニ（砂・河）、ワタリガニ アサリ（砂）、ハマグリ（砂）、ツヅレサセコウロギ（草・庭）	農薬使用 区画整理 工業団地建設 埋め立て	シュロ（林）、カヤ（山） キキョウ（草）、栗（山）、ケヤキ（渓）、杉（乾）、フジ（山）、フジバカマ（草・湿）、マダケ（林）、ムク（渓・海）、モウソウダケ（日）、ヤマブドウ（林・山）、ワラビ（草） ヤツデ（林・海）、栗（山）、杉（乾）、ヤマイモ（林）、アケビ（谷）、オミナエシ（草）、ジネンジョ マダケ（林）、モウソウダケ（日）、フジ（山）、アケビ（谷）、ワラビ（草）、ウド（草）、ゼンマイ（雑）、野バラ（低・山）、	蝶々、トンボ クツワムシ（草）、ホント、ギンヤンマ（止）

冷：冷水性、**淵**：淵、**瀬**：平瀬・浅瀬、**う**：うろ、**石**：石下、**浅**：浅所、**泥**：泥底、**砂**：砂泥底（干潟含）
止：止水域、**岩**：岩礁域・岩場、**湿**：湿地帯、**藻**：藻場、**水草**：水草、**草**：草原、**山**：山地、**林**：林、
湿：湿地・日陰地、**河**：河原・礫地、**水**：水辺、**渓**：渓谷沿い、**海**：沿岸域・海岸、**乾**：乾湿両極端、
日：日当たりのいい場所、**庭**：庭木、**荒**：荒地、**雑**：雑木林、**田**：田畑、**農**：農耕地、**庭**：庭木、**低**：低木、
樹：樹木、**池**：池沼

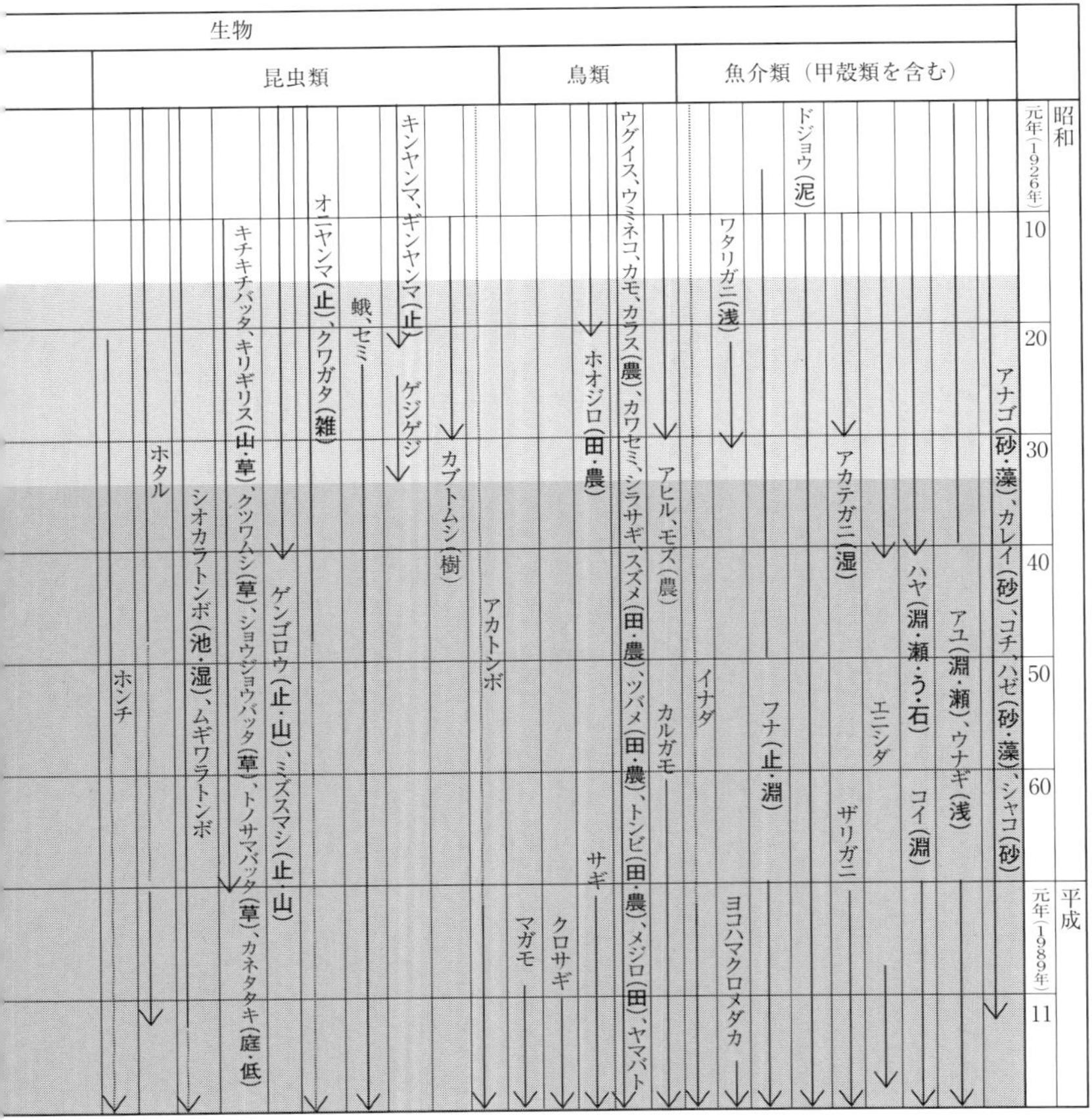

生物

昆虫類	鳥類	魚介類（甲殻類を含む）
ホンチ ホタル シオカラトンボ（池・湿）、ムギワラトンボ キチキチバッタ、キリギリス（山・草）、クツワムシ（草）、ショウジョウバッタ（草）、トノサマバッタ（草）、カネタタキ（庭・低） ゲンゴロウ（止・山）、ミズスマシ（止・山） オニヤンマ（止）、クワガタ（雑） 蛾、セミ キンヤンマ、ギンヤンマ（止） ゲジゲジ カブトムシ（樹） アカトンボ	マガモ クロサギ ホオジロ（田・農） サギ ウグイス、ウミネコ、カモ、カラス（農）、カワセミ、シラサギ、スズメ（田・農）、ツバメ（田・農）、トンビ（田・農）、メジロ（田）、ヤマバト アヒル、モズ（農） カルガモ	イナダ ワタリガニ（浅） ヨコハマクロメダカ フナ（止・淵） ドジョウ（泥） アカテガニ（湿） ザリガニ エニシダ ハヤ（淵・瀬・う・石） コイ（淵） アユ（淵・瀬）、ウナギ（浅） アナゴ（砂・藻）、カレイ（砂）、コチ、ハゼ（砂・藻）、シャコ（砂）

昭和：元年（1926年）、10、20、30、40、50、60
平成：元年（1989年）、11

冷：冷水性、淵：淵、瀬：平瀬･浅瀬、う：うろ、石：石下、浅：浅所、泥：泥底、砂：砂泥底（干潟含）、止：止水域、
岩：岩礁域･岩場、湿：湿地帯、藻：藻場、水草：水草、草：草原、山：山地、林：林、湿：湿地･日陰地、
河：河原･礫地、水：水辺、渓：渓谷沿い、海：沿岸域･海岸、乾：乾湿両極端、日：日当たりのいい場所、
荒：荒地、雑：雑木林、田：田畑、農：農耕地、庭：庭木、低:低木、樹：樹木、池：池沼

▭：網かけ部分は埋め立てなどによる地形改変が進んだ時期（色　薄：1次、濃：2次）

→：生物の生息時期　　-->：生物の減少時期

（住民への聞き取り調査結果に基づく）

図-7　生物生息状況の変化（侍従川流域）

草木類	
	アケビ(谷)、イタドリ(日・荒)、イチョウ、柿(山)、カヤ、栗(山)、ツカンボ(草)、ビワ、モウソウダケ(日)、ヤマブドウ(林・山)、ヨシ(湿・水)、リュウノヒゲ(林・山)
	シイ、ニッキ、ハス／クワ、ヤツデ(林・海)
	サクランボ
	シノダケ
	ツカンボ(草)
	ノブドウ、ヤマイチジク、ヤマリンゴ／アシ、クレソン(水)
	ズイデンボウ、ナガイモ(山)、ワラビ(草)
	ズイデン、ヤマイモ、ユリ
	グミ、ボケ
開発	
	河川護岸のコンクリート化／川の上流に工場建設　水質が良好
	昭和16年頃農業が衰退
	赤痢の流行／宅地造成による土砂流入
	工場建設に伴った開発と人口増加　自動車産業が活発化し、工場建設
	軍事施設建設のため田畑が消失　農薬使用開始

虫類などの生物生態系にとっては生息場、生育場として形成されてきた食物連鎖を失うことを意味し種の消滅につながる。河川においても廃水が流されたり、河川改修事業が進むことで河川内における生物相の生息環境が撹乱されると生態系を失うことになる。その一方で、新たな生物の生息や繁殖もみられることから、人間の活動範囲の拡大に従い、人間を取り巻く自然の状況も大きく変化していることがわかる（**図-7**）。

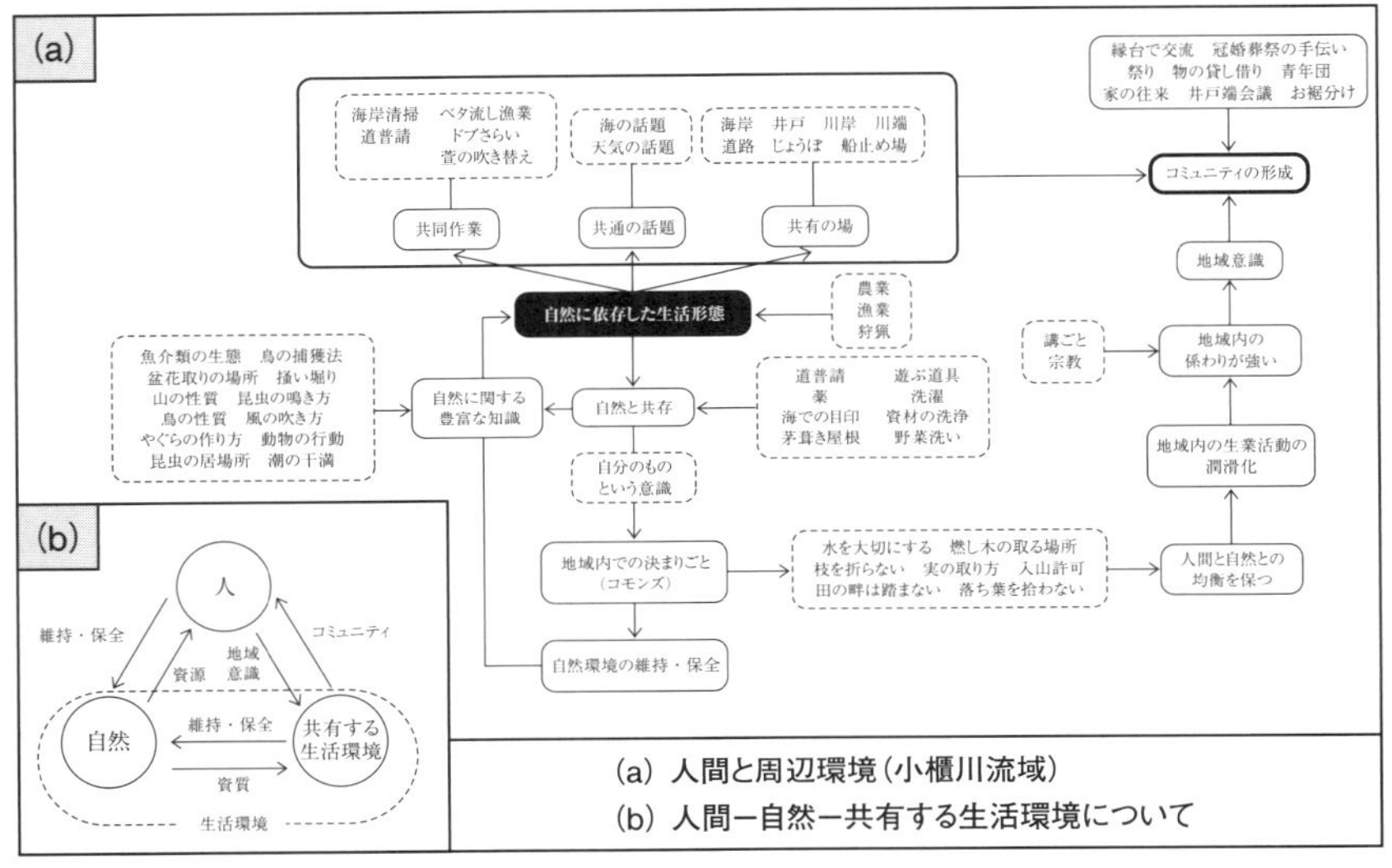

(a) 人間と周辺環境（小櫃川流域）
(b) 人間ー自然ー共有する生活環境について

図-8　人間と周辺環境（小櫃川流域）

■住民生活と周辺環境との係わり方

二つの河川を対象とした住民への聞き取り調査の結果に基づき、日常生活の中での住民と周辺環境との係わり方を示したものが図-8（a）、図-9（a）である。これにより「人間（住民）と自然」、「人間（住民）と人間（住民）」との係わり方について地域ごとに示し、語り手の語りの文脈を合わせて示すことにする。

■小櫃川流域の住民生活と自然の係わり

この地域では、従来は大半が半農半漁による生活を営んできており、常に地域の自然に依存した生活と就業の場が密接した生活形態であった。そのため、生業だけではなく、道普請の材料に貝が使われたり、洗濯、野菜洗い、資材の洗浄などを川で行っ

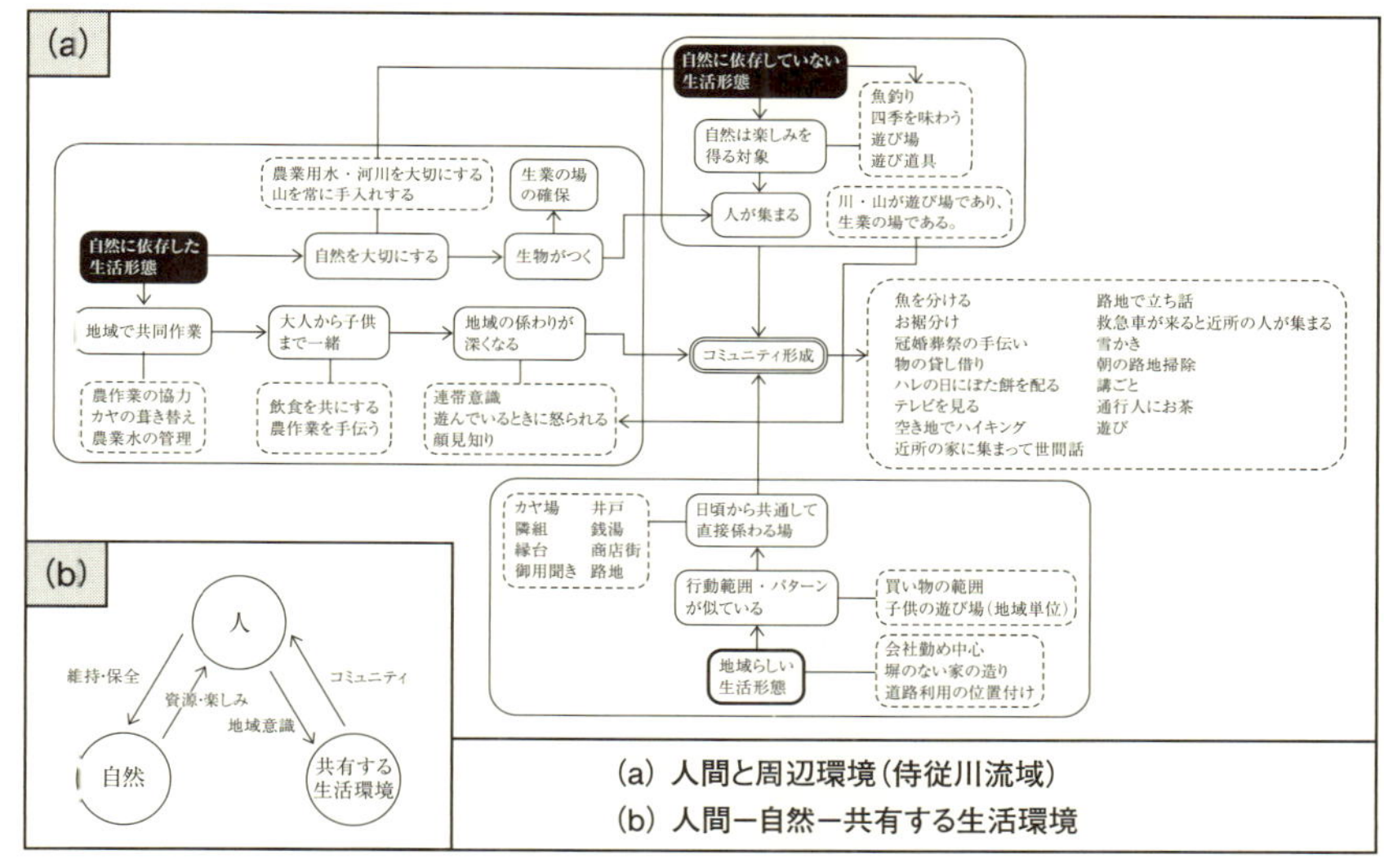

図-9　人間と周辺環境（侍従川流域）

たり、日常生活を維持するための手段として身近な自然が用いられてきていたことがわかる。

『道普請だなんだって、みんな青年でやったですよ。あの道路をね。当時、今みたいでないから、土ですから。だから掘れたりなんかしちゃって、もちろん自動車なんかないけど、馬車みたいなのがね。だからあるんですよ、春になると。ジャボジャボっていってね、波打ち際に寄せられた貝を捕って、それを牛車で運んで、それを播く。』（男性68歳農家）

『水の不足なうちはね、川を使用して洗濯したり野菜洗ったりさ、ま、ほとんど井戸はあったけどね、また、川行ってこんな大きな物はね。今は夏になると今の人達はね、夏、布団皮なんか洗う人、夏になると、

うちなんか、うちばっかじゃないよそも、夏になると全部布団の洗い張りをやったんだかんね。』（女性83歳主婦）

『春になってね、海苔をやってたでしょ。その海苔のすく簾を洗ったですね。それはもう川じゃないと大量の水を使うから、今と違って水道がないから。そこで洗ってたですよ。』（男性68歳農家）

小櫃川流域では生活を営むための手段や材料として、自然の構成要素を活用しており、生活の中に自然が欠かせない存在となっていたことがわかる。そして、常に自然と共存した生活形態であったため、地域内の自然との係わり意識が高く、自然を維持するために、実の取り方、燃し木を取る場所、水を大切にするなどの規範意識が日頃から地域住民の間に広く浸透しており、その行為は遊びや農作業の手伝いの中で子どもにも伝えられており、地域住民の間に定着していたことがわかる。

『ただ、みんなそれぞれ節度をもってやってたんじゃないかな？　例えば、めいっぱい取っちゃうとか絶対なかったね。（中略）だって、食べるだけ取ってくればいいんだからね。その辺は割と、みんな普遍律っていうか、マタギの生活のせいだと思うんだけど残してるんだよね。ちゃんと、だから、自分がその日に暮らせる分だけ、あるいは、例えば商売にしてる人は何日か暮らせるだけ、以上は取らなかったね。』（男性72歳教員）

『みんなね、親が百姓やってたから、水っていうのをみんなね、山から水を絞れて（絞り出して）くる水とかね、そういうどういう小さな水路でもね。だから俺らそういう教育受けてたから、水は大事にしろっていうから、山の中のちょろちょろ清水が流れているよね、あれに木が倒れてて止めたりしてさ、ガキどもが遊びにいけばそういうのを見つけければ、それ全部取ってたの。もうそれは小さい頃からいわれたよね。（中略）かまどの木を取るところが、付き合いがある山しか取っちゃいけないとかね。だから、すぐそこにあるんだけど、わざと遠くまで行かなくちゃいけないとか。』（男性４０歳―）

地域住民が、生活を維持するために資源となる自然に対して規範意識をもつことは、自然を維持するだけでなく、資源を共有している地域の人間同士の関係を円滑に促すことにもつながっていたものと思われる。また、人間と自然との係わりは必ずしも生業目的だけでなく、子ども達を中心とした遊びの中でも大いにみられた。魚釣りや、鳥の捕獲などは遊びと生業の要素を兼ね備えた行為であり、より確実に捕獲するために生物の生態や行動に関する知識を子どもの頃から豊富に得ており、山で木を伐採した後に生える植物や、どこにどのような花が咲くのかといった知識を主に遊びの中から会得しており、大人になる頃には専門家以上の知識を有することもあった。

『同じ畑の中でも餌食べる場所って決まってるから、他に（わなを）かけてもかからないわけよ。だからものすごい観察力よ、子どもらが。だからあ、あの動きしたらあれは餌食べる時とか、そういうのみんな知ってるわけ。』（男性４０歳―）

『学校に登校する時だって、みんな山から行きましたからね、「おっ、リスいたっ」なんてね。で、わかるんですよ。あの、巣作るのにね、まわりはもう木の小枝なんかで、中には杉の皮をみんな入れるんですよリスは。だから杉の皮がむけてるわけ、彼らむくから。うちのここにもたくさんあり

ましたからね。取るんですよ、引っかいて。』（男性68歳農家）

『だから子どもの時分になんかね、山なんかって春になればあれでしょ、ワラビ取りに行ったりね、秋になればキノコ取りとかね、結構行ったですよ。（中略）子どもが知ってますからね、普段が普段だから。ここらはね、ほとんど山ってのがね、もう植林はしましたけどね、こういう柱になるのはめったになくって、ほとんどが松でね20年から25、26年経つとね、薪ミズっていってそれをやって、それをみんな切ってしまうとその後にたくさん生えるわけ。だからわかるんですよ。』（男性68歳農家）

このように子どもの頃から自然を相手に遊び、生活していたため、生活の中で自然との共存が定着してきていた。そして、遊び仲間と自然資源を共有して遊んでいたことから、自然に対する維持・保全意識が規範意識として身に付いていたものと思われる。しかし現在では、これまで容易にアクセスできた海岸などの水辺に近づけなくなったことや環境の変化に伴った生物の減少といった理由から、水辺と係わる行為が減少した。また、生業的係わりが減少することで、生活の中に占める自然の役割が薄れ、人間と自然との係わりが希薄になったものと考えられる。その結果、今まで生業の場でもあった水辺における自然の消失は、人々に日常生活などにおいて寂しさなどを感じさせているが、人々は開発による環境変化に応じた生活形態へと徐々に移行していた。

■侍従川流域の住民生活と自然の係わり

この地域ではノリ漁や塩づくりが盛況な時代もあったが、その後、昭和初期に軍事施設が建設されたことにより都市化が進み、地域の一次産業従事者も二次、三次産業に転業する者が増え、生活と就業の場が乖離した生活形態へと変化した。その結果、人間と自然との係わり方や係わる目的がそれまでとは大きく異なるものとなった。

『蝶も何種類かも来たんですよ。それもとっても四季っていうのをすごく、家の中にいても感じられる。（この地域は）そういうところです。』（男性７２歳教員）

『結構ね、だから川で遊ぶっていうのもあったけどよ、大人も結構来たよ。魚を捕りに来たよ。もうね、ウナギなんか引っ掛けてくるんだもん、いっぱい。』（男性６７歳会社員）

この地域では魚釣り、遊び場、遊び道具、四季を味わう遊行的対象として自然と係わるようになった。一方、同地域においても、このような係わり方に加えて一部の農業従業者は遊行的対象として個人単位で自然と係わるだけでなく、生活の場として地域単位で自然と係わっていたことがわかる。

『田んぼっていうのは上から水が来れば、上から順々に植えて行かないと、下に植えるっていったって、（上の人が植えないと）下の人が乾いちゃうでしょ。だからそういうふうにみんな共同作業だったわけ。』（男性７５歳農家）

このように農業従事者などの間では、小櫃川流域同様、共同で農作業や農業用水の管理を行い、自分達の生活を維持するために、その糧となる自然に対して常に手入れを行っていた。また昭和

30年代以降、大幅に環境が悪化すると、生活と直接係わりのない余暇的活動は減少し、人間と水辺との係わりが希薄になった。その後、地域の水辺の再生により、生物の生息する環境が創出されたことが、人々をふたたび水辺に呼び戻すきっかけとなった。

以上のように小櫃川流域では地域住民が共通した生活形態を営むことで、地域の自然を共通の資源（共有財産）として位置づけ、維持していた。また、遊びなどの余暇活動においても自然との係わりがあり、自然に関する豊富な知識を会得していた。

一方、侍従川流域では生活形態が多様化することで、人間と自然との係わり方も異なり、川や山が遊び場または生業の場として、それぞれ個別に利用されるようになっていた。また、自然の消失が人間と自然の係わりを希薄にし、環境の変化により人間の行動が規制されることが両地域に共通して指摘された。

■小櫃川流域の人間と人間との係わり

生活の中での自然との係わり方が類似した生活形態を営むこの地域では、環境を維持するための道普請、ドブさらい、海岸清掃などの共同作業や海や天気などの生業に関する話題を介した係わりが多くみられた。そしてそれらは、生業や生活のために地域住民が共有する海岸、川端、井戸、河岸などの場で日常的に行われていた。

『例えばドブさらい、今日は海岸清掃とか。ほとんど漁業組合だから、あと田んぼもほとんどの

人がやっていたから、堰払いっていうんですけど、堰をきれいにするのとか、あとは仕事関係だけですかね。』（男性４０歳漁師）

『川ざらいやったり、道普請。川ざらいって、川をね、要は田んぼとかね、水供給源だから、大事にするわけ、水路とかさ。もう百姓やっていようが、やっていまいが、夫婦全員出ていって、川を掃除する。土手の境とか、川の中のゴミとか水流れると、上流からゴミが流れて来るしね、で、そういうの引っかかってるのを掃除したり。農業用水路の掃除とかね。』（男性４０歳―）

『まずあいさつしなきゃだもんな。あいさつは天気だから、いいやんべってね。天気のあいさつから始まるから。これは昔の風習から来てるんでしょうね。昔、ノリの養殖をやってた時は、集まればその話が毎日のようにどっかに、ここに行けばみんないるみたいな感じで、毎日やっていたんだけど、やめちゃって、近所で二人、三人になってきたから、もうなくなっちゃったよね。（中略）川端っていって、船が置いてあるんですよ。そこにだいたい人がいて、いつも風を見ながら、みんな今日は（船の）出があるかとか、時化とか……』（男性４０歳漁師）

『仮に町内で寄っても、すぐ海の話でしょうよ。アサリは採れるのか、ノリは採れるのかって、こうでしょ。あぁ、海の話ばっかり。寄れば海の話ばっかりだよ。』（男性６５歳金物店経営）

日常生活の中で共同作業を行い、一つの場を共有することで連帯意識を育むことになり、地域内のつながりをさらに深めていたものと思われる。また、日常から地域全体で共有するものが多いことから、一部では集落全体で一つの宗教を信仰したり、念仏講や八安講などの講事を定期的に行っていたこともあった。

『それは昔からね、念仏講と子安講があったんですよ。念仏講っていうのは年寄りね。お堂に行って月一回ね、今二回かな。あとはね、今は子安講もばあちゃんになっちゃったんですけど、子安講っていうのがあって、これもやっぱり、みんな集会場に寄ったり、その前は家回りなんですよ。集会場なんかがない時分はね。今月はどこそこの家というようにね、みんなやってましたよ。（中略）昔一家のおやじどもはね「ようかっ講」っていうのがあったですよ。これ出羽三山信仰から来てるんです。どこにもあると思うんですけどね、やっぱり家回りでやってましたよ。全部あれですからね、ここは1軒なし。だから出羽三山行くんですよ。地域全部がね。』（男性68歳農家）

生業を介した係わりがコミュニティ形成の要因となり、地域内に相互扶助の意識を生じさせ、信仰までも共有する連帯感を有していた。そして、生業に係わりのない物の貸し借り、冠婚葬祭の援助、縁台での交流、お裾分け、青年団の活動などが日常的に行われていた。

『魚が捕れたから、カレイが捕れたからカレイ食わないかって隣にもっていったりね。ノリができれば、今ノリをやってる人が100戸くらいしかいないけど、私らがやってる時分は800くらいいたんだけど、それでも、知り合いの人なんかには、ノリを採ってない人には、新ノリができたから食べてってねやってるよ。』（男性65歳金物店経営）

『だから昔は一軒の家でも、もし例えば（農作業が）遅れると、みんなが手伝ったりなんかして、やっぱり大切にしました。なんかにつけてね、冠婚葬祭もちろん。みんなやりましたよ。（中略）まあ、

そうですよ。地域意識が強かった。』（男性６８歳農家）

この地域では生業のような地域で協力して行う作業を通して地域の連帯意識を育み、その意識が生業以外の日常生活にまで拡大することで、地域内のコミュニティを強化させていたことがわかる。

■侍従川流域の人間と人間との係わり

侍従川流域における日常の人々の係わりは、井戸をはじめとして、銭湯、商店街、路地、御用聞きなどを中心にみることができる。これらは自然に依存しない地域の生活形態において、日常生活圏が重複し、類似した行動パターンが人々の係わりの場を生みだしているものと考えられる。

『買い物するお母さん達の行動範囲が狭かったんですよ。買い物かごぶら下げてだいたいここにみんな集まってきたんですよ。』（男性５３歳写真店経営）

『たくさんスーパーがあったり何があったりとかじゃないので、いわゆる米屋さんとかそういうのがあって、そういうのが御用聞きに来るんですよ。昔からのお付き合いがそういう意味では、生活の変わらないところだね。（中略）その人だって昔１４、１５（歳）から来てるのが今は７０（歳）過ぎくらいになってますからね。だから昔の話はたまにはどこどこのおばさんが怖くて叱られたとかね、意外といってましてね、結構おもしろいですよそういう話を聞くと。』（男性６３歳会社員）

『（銭湯に行った時）友達とか近所のおじさんの背中を流してやるとさ、次の日には面倒みてくれるとかさ、帰りにはせんべい買ってくれるとか、そういったいい時代だった。』（男性７４歳会社員）

自然との係わりが比較的希薄な生活を営んでいる人々は、自然の介在しない日常生活の中で地域住民同士が面識をもつことをきっかけとして交流が図られていた。一方、農業を営む人々の間では共同作業をしたり飲食を共にすることで、交流が図られ地域の連帯意識が構築されていた。

『夜でも昼中でも共同作業をすれば、「じゃ、夜一杯やろうじゃないか」とやってて、子どもも一緒にごちそうになったり、そういう関係がねとくにそういう関係でね。』（男性75歳農家）

小櫃川流域では、生活の主体である生業をきっかけとした関係を中心として人々が係わり、地域内での連帯意識を高めていた。そして、日常的な行動だけでなく、信仰までが共に行われコミュニティが形成されていた。

一方、侍従川流域では、生活形態の違いにより人々の係わり方も異なり、自然に依存した生活形態の中では、生業や地域の自然を介した交流が図られていたが、自然に係わることなく生活を営む人々は、類似した日常行動範囲から顔を合わせる機会が生じ、そこからコミュニティが形成されてきていた。しかし、それはあくまでも銭湯や商店街などの人為的要因を介してのコミュニティであり、自然を介して成立したコミュニティに比べて、地域性の共有意識や連帯意識は希薄であった。つまり、日常生活において自然的要素と係わることが、地域に根付いたコミュニティを形成する要因や場となり、コミュニティの成立後も、人間同士の係わりの中に自然的要素が存在することで、コミュニティの維持が図られてきたものと考えられる。

こうしたことを踏まえ、「人間－自然－生活環境の係わり」を図－8（b）、図－9（b）に示す。小櫃川流域では人間の自然を維持する姿勢が生活環境に共有物として資源を提供し、その結果コミュニティが形成されている。また、地域で共有する生活環境に対して人間が地域意識を有することは、自然の維持へとつながり、結果的に人間の生活を営むための資源の確保につながっている。そして、地域が共有する生活環境と自然は重層化して生活環境を形成している。

一方、侍従川流域では、地域の生活環境の変化によって自然との一体的生活はしだいに変化消滅してきており、自然に依存した生活を営んでいる一部の人間は自然を享受する代わりに、自然の維持保全を図っているが、多くの人間は自然を遊行的空間資源としてだけ利用するようになってきている。また、共有する生活空間においてコミュニティが形成されているが、銭湯や商店街などの人為的環境であるため、地域性が欠如し、地域意識の希薄化が生じていると考えられる。このように、日常係わる生活環境が自然と分離することは、従来行われていた「人間－自然－生活環境」の「系」の成立を阻害しているものと思われる。

3　河川を通して見た人と環境との係わり

ここで取り上げた侍従川流域においては、近年、市民団体を中心とした活動により水辺環境の再生が進められている。その結果、この地域では環境再生が地域におけるコミュニティの再生をも促している。そこで、この地域の人間と環境との係わりを示したものが**図－10**である。これをみる

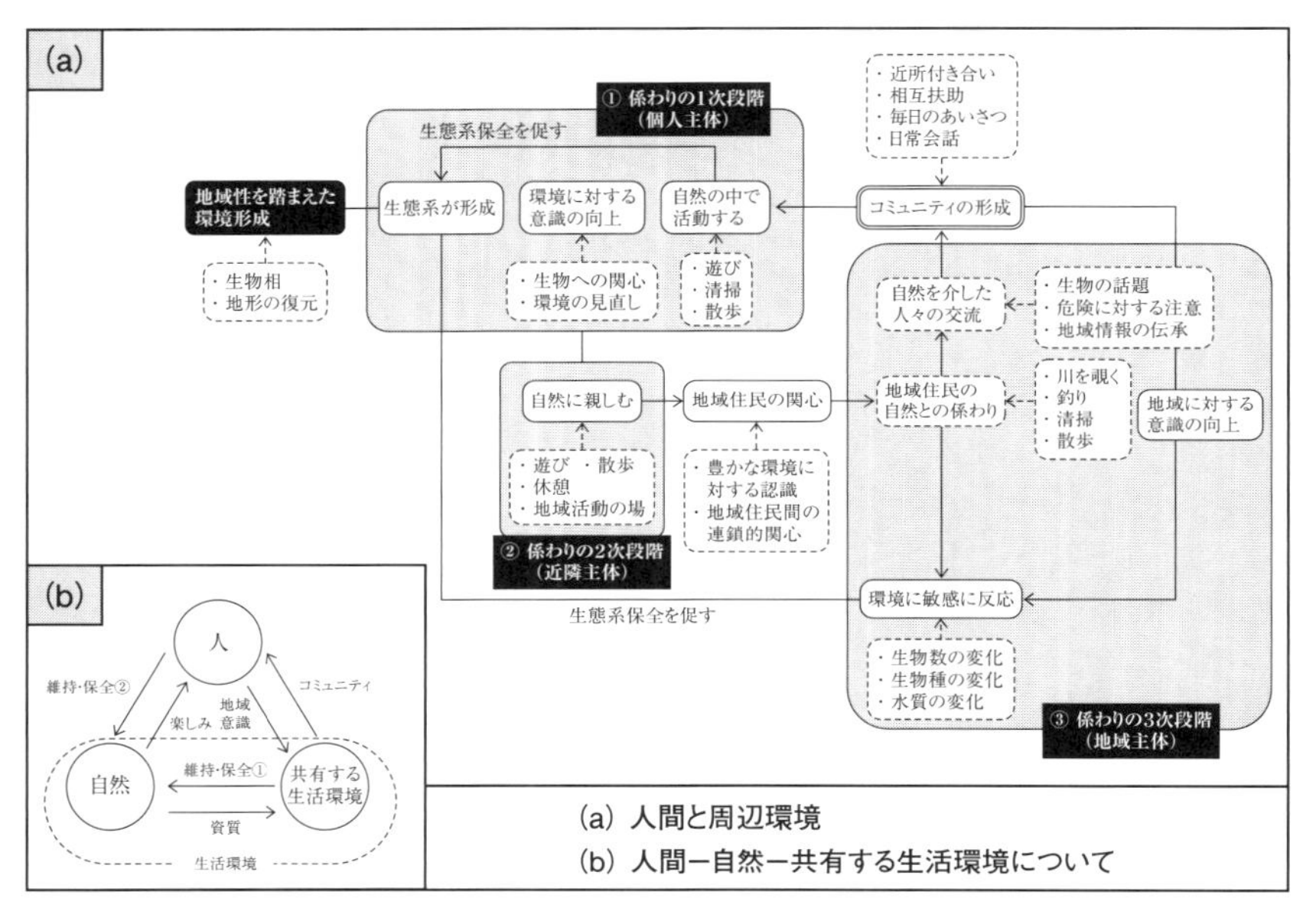

図-10　人間と環境との係わりの一考

と、人間は当初、生物が存在する生活環境に対して興味を示す程度の受身的な関心をもち、それが清掃などの積極的かつ能動的な係わりに変化し、生態系の維持保全に関心が向くものと思われる（個人主体）。そして、さらに会話や共通の価値観、関心事を通して係わる人間が増加し（近隣主体）、地域に定着することによって連帯意識を醸成し（地域主体）、より多くの人間が環境に対して地域意識をもつことでコミュニティが成立し、このことが結果的に自然の持続性を高めることにつながるものと思われる。また、人間が自然を維持することにより、地域で共有する環境に機能的価値を与え、価値を有する環境に人が集まることでより持続的なコミュニティが形成されると考える。その際、重要な点は、地域で共有する生活環境と自然が重層化していることがあげられる。

近年、生活環境の質の向上が謳われ、オープンスペースの緑化や環境創造が進められている。しかし本来、生活環境の質を向上させるには、景観を豊かにするだけではなく、人間と自然が一つの「系」の中で共存し、人間と人間とのつながりを促すような環境を創造することが重要と思われる。そして、そのような環境には人々の共有の場となるための要素が存在し、そのきっかけとして自然の果たす役割が大きいことをとらえた。

今後、生活の質の向上を図るためには土地の環境資質を考慮して活用することや、単純化された生態系ではなく、多様性ある生態系を育成していくことが重要であると思われる。そしてそのことが、より地域性の高いコミュニティの「系」の創造につながり、生活環境の質の向上に寄与するものと考える。

4　親水概念の登場

■親水概念の提起

1960年代後半、当時の東京都は都市化の進展により都市内河川においては「都市型洪水」と呼ばれる洪水が多発するようになり、加えて水質汚濁の問題もピークに達していた。こうした状

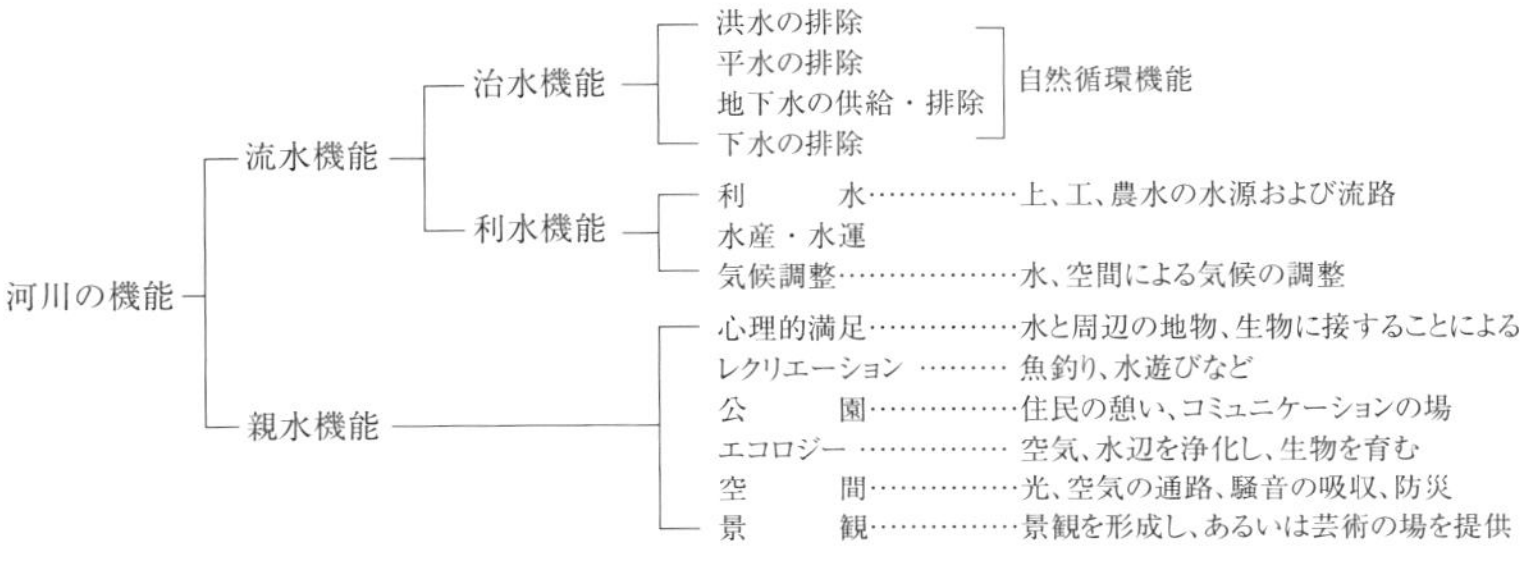

図-11

況に対して東京都の河川計画の担当者らは自主的研究活動を行うことで、河川のもつ機能を改めて見直すことにより「親水」機能の存在を見出し、それは河川のもつ治水、利水機能と同じように重視すべき機能であるとの結論に達した。この考え方はその後、１９６９年（昭和４４年）と１９７０年（昭和４５年）の土木学会年次講演会で山本弥四郎・石井弓夫により「都市河川の機能について」と題されて口頭発表された。ここで提案された親水機能については、まず、従来までの河川機能として治水機能と利水機能を物理的機能に重点を置いた「流水機能」として位置づける一方で、河川の存在がこれまで発揮してきた心理的満足、レクリエーション、公園、エコロジー、気候調整、景観、商業（商業については、その後削除あるいは「空間」に置き換えられた）に対して、これらを包含する概念として、新たに「親水機能」を対置することとした（**図-11**）。そして、河川が人間との係わりの基に「自然的、社会的に存在すること自体のもつ機能」として「親水機能」の重要性を説いた。提示された「親水機能」の概念は、１９７３年（昭和４６年）になり東京都江戸川区で第一号となる古川親水公園が整備開園されることで、初めて具体化されることになった。

その後、河川機能として提起された「親水機能」の概念は、海や湖などに対しても用いられるようになり、広く「水のある空間」全般に使われるようになった。その一方で、親水に関した明確化された概念の定義はまとめられることなく、抽象的な概念のままに多方面で多様に解釈されてきた嫌いもある。

ただ、元来「親水機能」は河川に限らず海も湖や池などおよそ水辺と呼ばれる場所においては、必ず備わっていた機能であり、ごく当たり前のように水辺が果たしてきた役割や効果であった。それが改めて「親水」という用語を用いることで定義された訳は、先述したようにそうした機能や役割が喪失したり、機能しなくなったためと考えることができる。

■親水機能とは

土屋十圀氏（前橋工科大学名誉教授）によると、「親水機能」を提案した山本・石井の両氏は化学用語の「親水コロイド」をヒントにすることで「親水」を用いたという（この解説の中には「親水基」という用語がさらにあり、その意味するところは、水に対して親和性の強いものを指すと解説されている）。また、物性としての「親水性」という用語もあるが、その意味するところは「水に対して親和性を示す化学種や置換基の物理的特性を指す。」とされる。この用語が河川分野、土木分野で提起された70年頃は「親水（しんすい）」とは読まず「浸水」と区別するために「親水（おやみず）」と読ませたという。しかし、今日では辞書的にも解説されるようになり、一般化して使われるようになってきている。ちなみに、中国、台湾、韓国では「親水」と表記される漢字の意味は日本とまったく同じ解釈で使われてきている。また、台湾には冬山河親水公園や北投温泉親水公園と名付けられた親水公園が各地につくられてきている。

話を戻して石井・山本により提起された「親水機能」は、江戸川区で行われた全国で第一号となる親水公園整備において具体化された際、親水機能の目的設定が改めて行われた。その機能を再整理すると、水に直接依存したり、水辺に間接的に関連した機能から構成されていることがわかり、そこで期待される効果としては、レクリエーション機能（魚釣り、水遊び、ボート乗りなどが楽しめる）、公園的機能（憩いとコミュニケーションの場の形成）、景観形成機能（景観を生み出す）、心理的満足機能（水と周辺の地物・生物に接することにより情緒的満足を与える）、浄化保健機能（空気・水を浄化する）、生物育成機能（鳥類・魚類・昆虫類・水生生物を育成する）、空間機能（空地帯を形成する）、防災機能（消防水利）となっていた。これらの期待される効果が人間に対してどのような作用を及ぼすかは、おおむね「人間の生理・心理にとって良い効果を与える」と解釈できる。

また、その後、松浦茂樹、島谷幸宏「水辺空間の魅力と創造（鹿島出版会、１９８７）」、吉村元男・芝原幸夫「水辺の計画と設計（鹿島出版会、１９９２）」はじめ多数の提起がなされ、さまざまな「親水」の考え方が表出されたが、それらを基に「親水機能」の要件を整理すると、①水のある空間および施設、②水のもつ物理的・化学的な諸作用、③人間およびその知覚、④人間の知覚を通じた水（空間）との接触、⑤その結果として人間への心理的・生理的効果、となる。著者らは先述の研究や前者の考え方などを踏まえることで、「親水」の概念を「五感を通じた水との接触により、人間の心理・生理にとって良い効果が得られる」と定義することとした（都市の水辺と人間行動、共立出版、28～29頁、1999・5）〈4〉。

その後、河川や水辺に係る分野で提示されてきた「親水」の用語は1990年代後半になりようやく一般化して使われるようになった。一般化すると今度は、水辺といえば親水となり、水辺に関する多くの事業で「親水性に配慮」が巷に氾濫するようになった。主なものとしては「親水護岸」や「親水性護岸」と呼ばれる護岸がある。親水護岸は、治水機能として川や海において流れや波により生じる洗掘作用から河岸を守るための構造物の一つであり、かつ水に親しみ楽しめるように配慮された護岸で、おおむね「緩勾配型」、「階段型」、「直立・急勾配型」の親水護岸があり、コンクリートや石積みなどによりつくられてきている。これは従来までの安全性を最優先した護岸形状では無機質で無表情なイメージが強く、水との親和性や触れ合いも期待できないため、親水性や景観に配慮することにより、親水性護岸が普及し、自然との調和について配慮した石積み護岸や捨石護岸も増える傾向になった。

ただ、この親水護岸は時としてビオトープ形成という生物生息に配慮した水辺空間整備と混同される場合があるため分けて考える必要がある。親水護岸は人間が水と触れ合え、水際に近づきやすくなるが、そのためにつくられた護岸は、コンクリートの場合などは生物にとっては生息環境としては必ずしも適しておらず、生態系の複雑さにはなじまない場となりやすい。むしろ、昔の蛇籠のほうが多孔質な空間を生み出すために多様な生物の生息空間つくりには役立ち、自然石を積み上げた堤も多孔質な空間を生み出すため生物的には適している。そのため、「多自然川づくり」ではこうした自然石などを使った護岸が多用されてきている。

◎参考文献

〈1〉菅原遼、畔柳昭雄：水辺の社会実験から見た河川区域の空間利用と地域連携に関する研究―空間構成と事業スキームに着目して―、日本建築学会計画系論文集第722号、971〜981頁、2016
〈2〉畔柳昭雄、渡辺秀俊、磯部久貴：都市河川の変遷から見た人と水との係わりに関する研究、環境情報科学センター第10回環境情報科学論文集-10、117〜122頁、1996
〈3〉宇井えりか、畔柳昭雄：水辺環境の変遷からみた人間と自然との係わりに関する研究、日本建築学会 計画系論文集第540号、315〜322頁、2001
〈4〉畔柳昭雄、渡邊秀俊：都市の水辺と人間行動―都市生態学的視点による親水行動論―、共立出版株式会社、1999
〈5〉日本建築学会編：親水工学試論、信山社サイテック、2002
〈6〉渡辺秀俊、畔柳昭雄、近藤健雄：都市化に伴う住民の意識・行動変化から見た親水行動特性に関する研究―都市住民の親水行動特性に関する研究 その1―、日本建築学会 計画系論文報告集第449号、151〜161頁、1993
〈7〉畔柳昭雄、渡辺秀俊、長久保貴志：都市臨海部の水辺空間における利用者の水辺環境評価に関する研究―都市住民の親水行動特性に関する研究 その2―、日本建築学会　計画系論文報告集第454号、197〜205頁、1993
〈8〉畔柳昭雄、渡辺秀俊：都市臨海部の水辺空間における利用者の親水活動特性に関する研究―都市住民の親水行動特性に関する研究 その3―、日本建築学会 計画系論文報告集第459号、195〜203頁、1994

第2章　水辺を希求する行動・活動

1　水と触れ合う効果

1960年代の都市化の進展や生活空間の高密度化に伴い、自然と親しめる空間やオープンスペースが減少し、その反省から70年代には緑のマスタープランや各種緑化事業および総合設計制度などの新たな制度が施行され、緑を増やす努力が続けられてきた。その効果で都市内でも緑が回復してきた。その後、同じように水や水辺の重要さも再認識され、今日では「緑と水」は都市においてはなくてはならない環境要素として位置づけられるようになった。こうしたことを反映して、90年代になり、身近な緑や水のある場所を求める人々の希求行動も顕在化してきた。

水辺を訪れる人々は、そこで水辺と接したり、水辺でひと時を過ごすことによって、解放感を得たり、リフレッシュしたり、さわやかさや潤いを感じるなどの心理的な効果を得る。こうした効果は親水機能の根幹ともいうべき部分であるが、このような効果を得られる背景には、水のきれいさ、水への触れやすさ、あるいは水辺の景色といった水辺空間の物理的な環境条件があり、そうした水辺環境に対する個別的な評価が集積されてきていると思われる。また、水辺では、昼寝や散歩といった静的な行為から、水遊び、ボートなどの水と積極的に係わる動的な活動まで多様な親水活動が行われており、訪れた水辺でどのような親水活動を行ったかによっても、その水辺に対する評価が変わったり、得られる効果が違ったりすることもある。

では、都市住民は居住地の周辺にある水辺については、どの程度認識していたり、利用しているか、その状況を把握するため、良く行く水辺の「名称」について尋ねたところ、住民に共通して認識され親しまれている水辺は、おおむね河川が多く、住民は地域の基盤的役割を果たしている河川を身近な水辺環境として認識していることがわかる。とくに親水護岸や遊歩道などが整備された河川に人々の認識度が高まる傾向がみられ、必ずしも地理的距離などではなく、親水性を伴う水辺空間の存在が、認識度に影響しているものと思われる。

また、水辺のイメージについては「広々とした見晴らし」や「自然の豊かなところ」、「安らぎを与えてくれるところ」、「散歩道」などの回答が多く、自然的で安らぎ感を与える場所としてとらえられていることがわかる。水辺は積極的な活動の場としてよりも、むしろ安らぎや情緒安定の場として利用されている場合が多く、水辺は日常生活に必ずしも必要不可欠な存在ではないが、散歩や風景をみる、ぼんやりするなどといった彷徨行動のために利用されている場合が多くみられ、人々は安らぎを感じたり、無意識のうちに精神的な疲れを癒やすための休憩の場として利用していると推察される〈1〉。

そのため、環境が悪い水辺であっても、住民は開放感や自然を享受する場ととらえていることが多く、大都市の小河川においても住民にとっては居住地周辺で散歩やぼんやりすることに利用できる空間であり、精神的な満足度に寄与する役割を果たしているものと考えられる。

都市には多くの人間が居住しているが、人口密度が増加すると、自然の占める面積が低下すると同時に、自然の荒廃化、汚染がもたらされる。そのため、安らぎが低下することで対自然行動の欲求が発生し、自然としての水辺に対して人間は親水行動欲求を起こすことになると思われる。

2　日常生活と身近な水辺の関係性

人々が求める水辺に対する親水希求としての親水行動の表れは、多様にあるが、その主たるものは比較的静的な行動が多い。これは親水希求を欲する時の人々の心理的な状態に起因している。通常、精神の安定や安らぎを得たいとする場合はストレスや緊張感から解き放されたいとする欲求があり、そうした状態から精神を解放するためには、自然の中に身を置いたり、静かな場所を訪れるといった行動を取り、その訪れる先として緑の多い公園や水辺といった場所が選定される。また、この時の行動をみると、散歩やぼんやりするといった特別な目的をもたない、いわゆる彷徨行動や、自然と触れ合う、水を眺めるといった情緒的な行動が行われている。こうした行動によって、リラックスできたとする人々が多く、水辺の存在は、特別な施策が施されていなくても人々の心身を癒す場所となっている。

そのため、近年、親水希求に対応した水辺整備も進められてきており、自治体の長期構想などの施策の中で、「緑」と同様に「水」もまた整備対象とみなされてきている。とくに、こうした動向は都市化の進んでいる地域で積極的に進められてきている。このことは、過密化する都市の中で唯一自然（水面やその流れ）の残された場所としての認識が定着してきたからであろう。こうしたことにより、親水公園などが整備されてきており、親水護岸や階段、テラスなど水に接する空間がつくられてきている。しかしながら一方では、こうした人為的に整備されてきた水辺は頻繁に利用されても自然の河川や海といった場所は敬遠される向きがある。なぜ、敬遠されるのか、それは、安全性に対する不安からである。この場合の安全性とは、施設に対するものではなく、水に触れることと自体に対する危機意識からもたらされてくる。とくに最近の子どもに対しては保護者の自然に対する認識不足が災いして、触れないことが安全で身を守ることと理解している節もある。こうした傾向は危惧される。

その一方で、地方や農山村部の河川の流れる町や地区、集落では積極的に河川と子どもを触れさせたいとする意向が住民たちの間にみて取れる。こうした両者の姿勢の違いは子どもたちの成長の過程での自然認識に対して非常に重要な意味をもつ。例えば、子どもたちの中には「転んだときに手をつく」という基本的な自己防衛動作の取れない子どもが現れてきており、自己や身の回りの状況を的確に把握できない子どもが増える傾向にある。こうした状況から1992年（平成4年）6

月にブラジル・リオデジャネイロで開催された地球サミット（環境と開発に関する国際連合会議）で採択された行動計画「アジェンダ２１」では、出された提言の中で、次世代を担う子どもに本来の自然認識や自然界の中での遊びを奨励し、ありのままの自然を体験させて行こうとする意向が示された。こうしたことを受けながら、国内では各地で親水空間や施設の整備が進められているが、施設化により整備されたものからは、本来の姿を理解することは難しい。古くから身近な川と付き合っている住民は、子どもの川遊びに対して、万一のための注意を与えるとき、なぜ危険なのか、どうすれば危険を回避できるのか、長年培ってきた知恵を授けるという。また、かつての子どもたちも遊びの中で危険回避の術を体得してきていた。さらに、こうした子どもと自然の係わりについては既往調査などでも明らかにされてきているが、子どもの遊びの範囲内に自然が存在し、日常的に係わりをもっていると子どもたちはその環境の隅々まで熟知している場合が多く、川辺の石の状態から魚の居場所、草の生え方までさまざまな状況を把握している。その一方で、自然との触れ合いの少ない子どもたちは身の回りの環境把握については漠然と概念的にとらえている場合が多く、自然の中での遊びはルール化されたり、グラウンドやコートなど施設整備のされた場所での遊びが多くなる傾向がみられる。こうしたことから考えると、親水行動に伴う安全管理は、子どもの自己意識も重要であるが、河川との係わり方が重要であり、河川の環境を良く知る、危険状態を知るなど、ありのままの自然と向き合うことにより予知力を身につけることが大切と思われる。加えて、子供の人間形成や自然認識などを踏まえて河川の空間整備を行うためには、子供に対して河川空間における様々な自然的要素とのコミュニケーションの場を提供するだけではなく、人工的整備が支配的にならないような配慮が重要で、自然的空間に対する認識形成を図りやすくする必要がある。その具体的な取り組みとしての自然に配慮した護岸整備なども進むが、水辺側の整備だけではなく、子供の目に留まるような施設の配置や堤防の天端までのアクセスに対する配慮など、背後地とのつながり（コンテクスト）にも配慮した整備を同時に行う必要がある。それにより、河川空間を生活空間の中で重要な活動空間として認識し、人間の成長過程における情操感を養う上で要される自然に対する認識を促進させることにもつながると考える。その意味で、近年取り組まれてきている水辺の楽校や水辺の環境教育は身近にある水辺を知ることや、身近にある水辺との触れ合いを増やすといったことにつながる重要な取り組みといえる。一方、身近な場所から自然が消えていくとする意見も多いが、じつはそうした環境に親たちが子どもを近づけることを避けさせているために生じていることが多く、活動範囲の中から自然が遠ざかり認識が薄らいでいるための誤解とも考えられる。いずれにせよ自然を知るためにはリスクを伴うこともあるため、このリスクをいかに軽減するか、その知恵が重要となる。そのため、経験から得た知恵や知識、先人の経験の継承や伝承を謙虚に受け止めてゆくことが川とのつきあい、親水行動を減らすことを食い止めることにつながると思われる〈2〉、〈3〉。

3　水辺整備と人間行動

日本が高度経済成長期を迎えたころ、都市に「緑は必要ない」といわれたり、都市に「自然は無くてもいつかは順応できる」等々と都市工学者や建築家が本気で発言した時期があった（品田穣著「都市の自然史」10頁、1974年）。そして、「水辺」も同様な扱われ方がなされ、埋め立てや暗渠化が当然のように行われてきたし、むしろ蓋をかけて歩道や自転車道にした方が喜ばれるといった認識がまかり通った時期もあった（東京都では1961年（昭和36年）頃積極的に暗渠化を推進した）。こうした不幸な経緯をもつ「緑」と「水辺」であるが、今日求められる都市環境においては、両者を欠いた姿を想像することはほとんど不可能であり、国や自治体などが作成する長期構想には「緑」と「水」の文字は欠かすことができないものとなっており、長期構想の目次に目を通すと必ず目に入る字句となっている（「緑」については1976年（昭和51年）、当時の建設省により「緑のマスタープラン」が策定され、減少した都市の緑を回復するための取り組みがはじめられた）。むしろ、「緑」と「水辺」に囲まれた都市環境は地球温暖化やヒートアイランド化に対する対応からも必要不可欠とされてきているし、なにより人々からは貴重な自然環境要素として欲されてきている。そのため、一度埋めた水路を掘り返したり、開渠して水路を再生する取り組みが都心部に限らず地方でも積極的に展開されはじめてきている。

こうした機運の中で水辺整備は、水質浄化、生態環境創造、近自然工法など、自然や環境の再生に関する技術開発および水との接触や親水性に富む空間づくりに関心が向けられ、ともすると没個性化した地域性の薄い親水空間をもつ水辺（河川や水路）が増えているように感じられる。

水辺に対する関心の高まりは何も日本に限ったことではなく、アジアやアメリカなど世界中で同様なことが起きている。例えば、お隣の韓国ではソウル市の清渓川の再生がとくに有名であるが、この再生により、それまで打ち捨てられてきた地区が復興したばかりか、水辺の近傍ということで付加価値の付く場所を生み出したり、ソウル市の新たな魅力をもつ観光名所として人気の場所になり、河川整備が街そのものの姿を大きく変えるきっかけをつくりだした（埃の減少効果も報告されている）。一方、中国の沿岸部に位置する深圳市や上海市、青島市、烟台市などの都市では、都市内を流下する河川や都市の前面に広がる海浜に沿って長く広いプロムナードや遊歩道、栈橋などが親水性に配慮しつつ整備されてきており、中央政府による第12次5ヶ年計画では「生態建設」が掲げられ、都市内においても生態系や景観形成に配慮した河川整備が行われるようになり、水辺空間は市民生活の中に根付き、憩いの場として活用されるようになってきている。

加えて、アメリカでは水辺と都心部を遮るようにつくられた高速道路を撤去し、水辺へのアクセスを容易にするより積極的な都市再生の取り組みが、ボストンやポートランド、サンフランシスコなどですでに実施されてきている一方、ニューヨーク・ブルックリン・ブリッジ・パークのように港湾施設跡の再生として親水性や生き物に配慮した整備も展開されてきた。

このように水辺は都市やそこで生活する人々に対して、欠かすことのできない自然環境要素として位置づけられてきていることがわかる。著者らはこうした状況を鑑みることで、これまで水辺に対して三段階のアプローチを行ってきた。

第一段階は生物学的に見た「ヒト」の生存レベルでの水辺との係わり、すなわち、人間にとっての水辺の意味についての考究。

第二段階は生活レベルでの水辺との係わり、日常的な生活の中における水辺のもつ意味の考究。

第三段階では文化レベルでの水辺との係わり、地域や社会との相互の関係によって築かれてきた固有の水辺の形態の考究。

そこで、都市生態学的な思考方法に基づき、生物としての「人間」を主体として、その生存環境としての「都市と水辺」の姿をとらえる視点から展開した第一段階の研究成果を踏まえて、「都市に住む人々にとって暮らしやすい環境をつくるために、水辺がどのように貢献できるか、あるいは貢献しているか」または、「人間環境としての水辺の意義、人間にとっての水辺」という、人間の環境に対する行動および水辺を中心とした環境要因との相互作用についてみることにする〈5〉。

4　都市化に伴う空間量の変化

人々が水辺を求めて水辺に行く行為をここでは親水行動と呼ぶが、この行動が生起する背景には、居住地から受ける環境条件の影響が大きく作用していると推察でき、それは主に都市化（人口密度の増加）のレベルに関連して生起しているものと考えられる。都市化に伴う環境条件の変化は、人間生活に深く係わりをもつ水辺や緑地を含むオープンスペースなどの身近に存在する空間の減少となって顕在化してくるが、この空間が減少し欠損状態に陥ると、それを補うために人々は多様な反応行動を展開することになる。こうした人々の行動をいち早くとらえた研究が、品田・立花によって行われている。彼らは都市における生活型という観点から「自然を求める行動」として解明しており、都市化により身近な場所から緑などの自然が減少すると、自然が果たしてきた安らぎ感や潤いなどのヒト（という生物）に対して快適性（心地よさ）を提供する役割を喪失することをとらえた。そして、その反動としてヒトは「自然を求める行動」を起こすことを解明し、とくに自然との係わりの少ない大都市に住む住民の場合、屋外レクリエーション活動を行う回数が中小都市の住民よりも多くなり、海や山などで自然に触れるための活動回数が増加する傾向を明らかにした。

そこで、水辺についてなされる親水行動も同様な過程の中で生起されるものととらえ、親水行動の結果、水辺のもつ親水機能としての潤いや心の安定などの心理的な効果を得ることで、居住地における空間的な欠損を補完しているものと考えた。

こうしたことを踏まえ、具体的に都市化に伴う空間量の変化を把握することで、親水行動の生起する状況をとらえることを試みた。まず、全国から9都市27地区を選定し、人口密度と土地利用における空間状況として、社会的空間（地域住民が自由に利用可能で係わりが最も深い空間：水路、田畑、草地、雑木林など）、社会的施設（地域住民の生活上の要求を満たす施設：小中学校、商店、

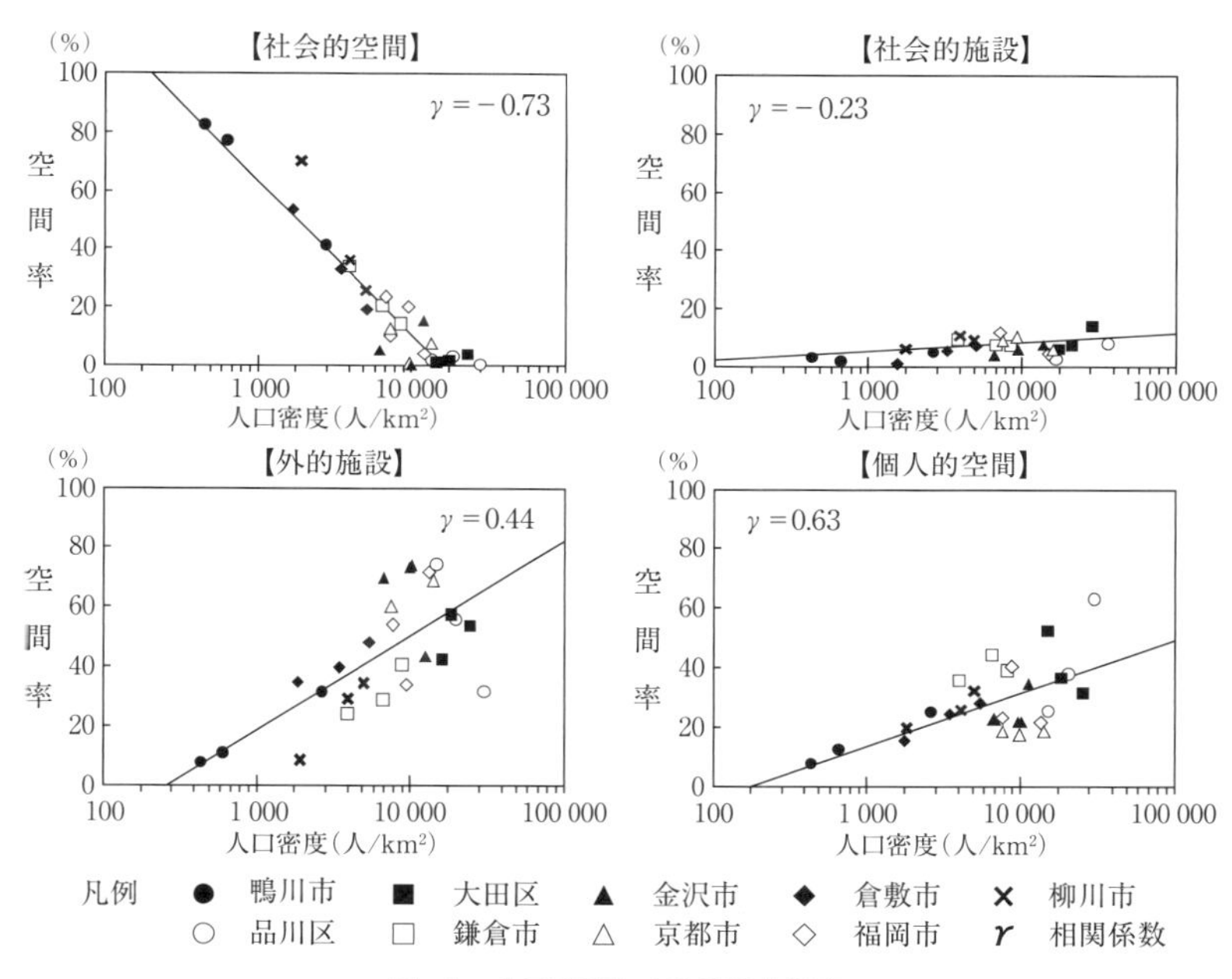

図-1　人口密度と土地利用空間率

病院など）、外的施設（地域住民の生活とは直接的には係わりを持たない施設：大学、工場、百貨店など）、個人的空間（個人住宅、集合住宅、別荘など）を計測（図-1）すると同時に、住民が日常的に接する住居周辺の天空率（建物の建て込みによる天空の開放率）、緑被率（住宅地周辺の緑の量）も合わせて測定した。

この結果、人口密度の増加に合わせて社会的空間は明らかに減少する傾向がみられ、人口密度が10000人/平方キロメートルを越える地区では、ほぼ10％以下となり、20000人/平方キロメートル前後に達すると5％まで低下することがわかる。一方、外的施設と個人的空間は人口密度の増加に伴って、バラつきはあるものの増加する傾向を示し、社会的施設は若干増加する傾向にあるが15％未満であり、顕著な増加は現れていない。

このように都市化の進行に伴い水辺やオープンスペースなどの社会的空間は減少の一途に置かれていることがわかる。このことは住民生活の場から係わりをもつことで得られた快適性が著しく減少し、損なわれていることを表していると思われる。

一方、人口密度と天空率、緑被率の関係をとらえると、やはり、人口密度の増加とともに両者の減少する傾向がみられた。この傾向は人口密度が5000人／平方キロメートルを越えると明瞭になるが、地区によっては人為的に緑を確保しているところもみられる。ただし、居住環境における自然的要素は減少する一方で人工的要素が増加するといった状況にあり、人々の周辺から自然の減少が進行していることがわかる〈5〉。

5　水辺を希求する人間行動・活動

親水行動が生起する背景としての空間量の把握を行った結果、人口密度が高い地区ほど住民の行動量が増加する傾向にあることをとらえた（**図-2**）。

水辺別にみると、海辺が近隣にある鴨川市や鎌倉市では行動量が他の地区より特出して多くなる

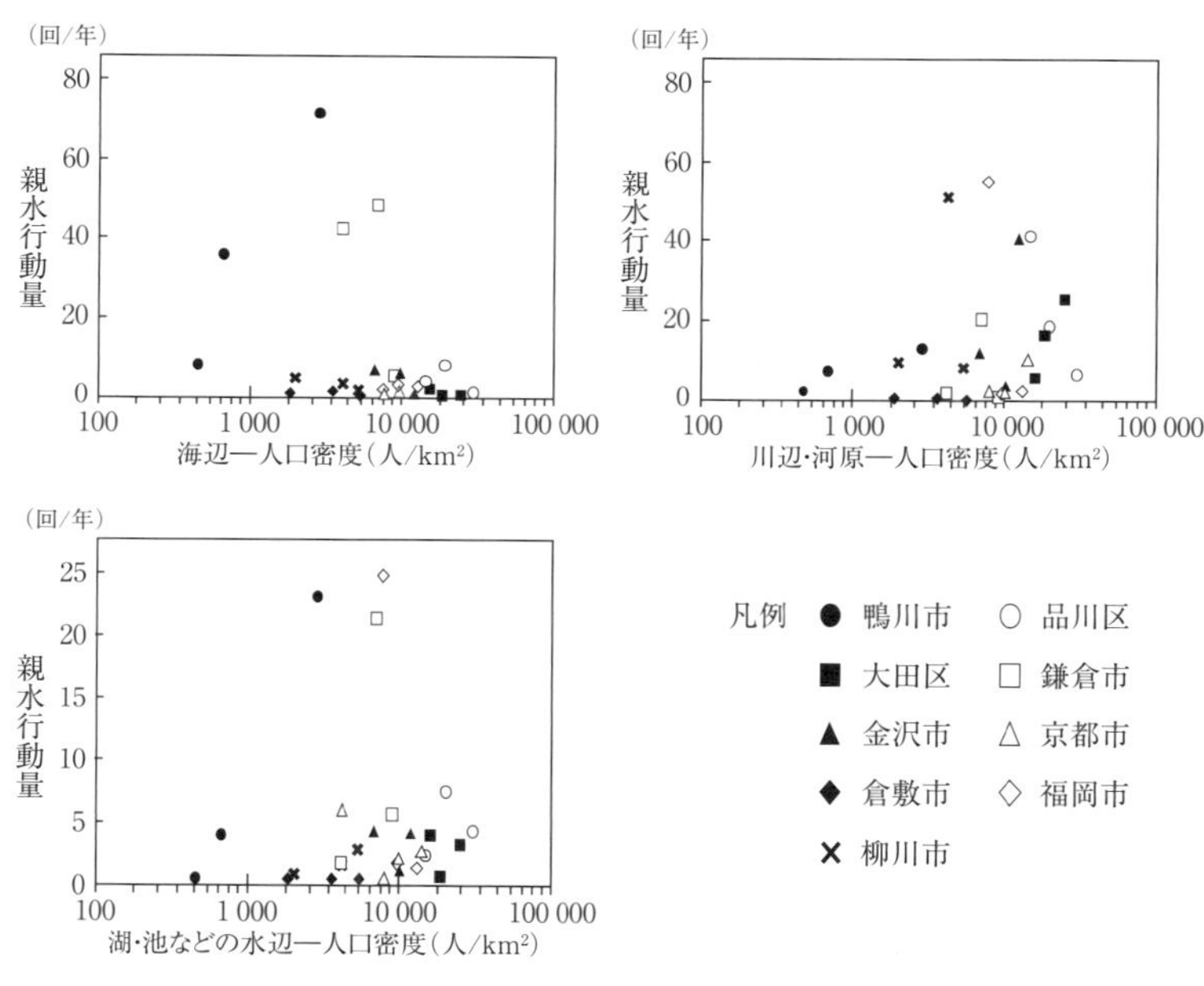

図-2　人口密度と親水行動量

傾向がわかる。また、川辺・河原の場合、福岡市（那珂川）や柳川市（柳川掘割）の一部でとくに行動量が多く、次いで品川区、金沢市、大田区と続き、人口密度の高い都市の住民ほど水辺への行動量が増える傾向を見せ、人口密度と親水行動の間にはある程度の正の相関関係のあることがわかる。さらに、湖・池でも、人口密度が高い地区では行動量の増える傾向がみられる。この結果から、都市化に伴い親水行動の発生していることがわかり、住民は近隣の水辺に親水性を求めて行動していることが理解できる。

また、親水行動量と水辺に対する満足度との関係も合わせてとらえ

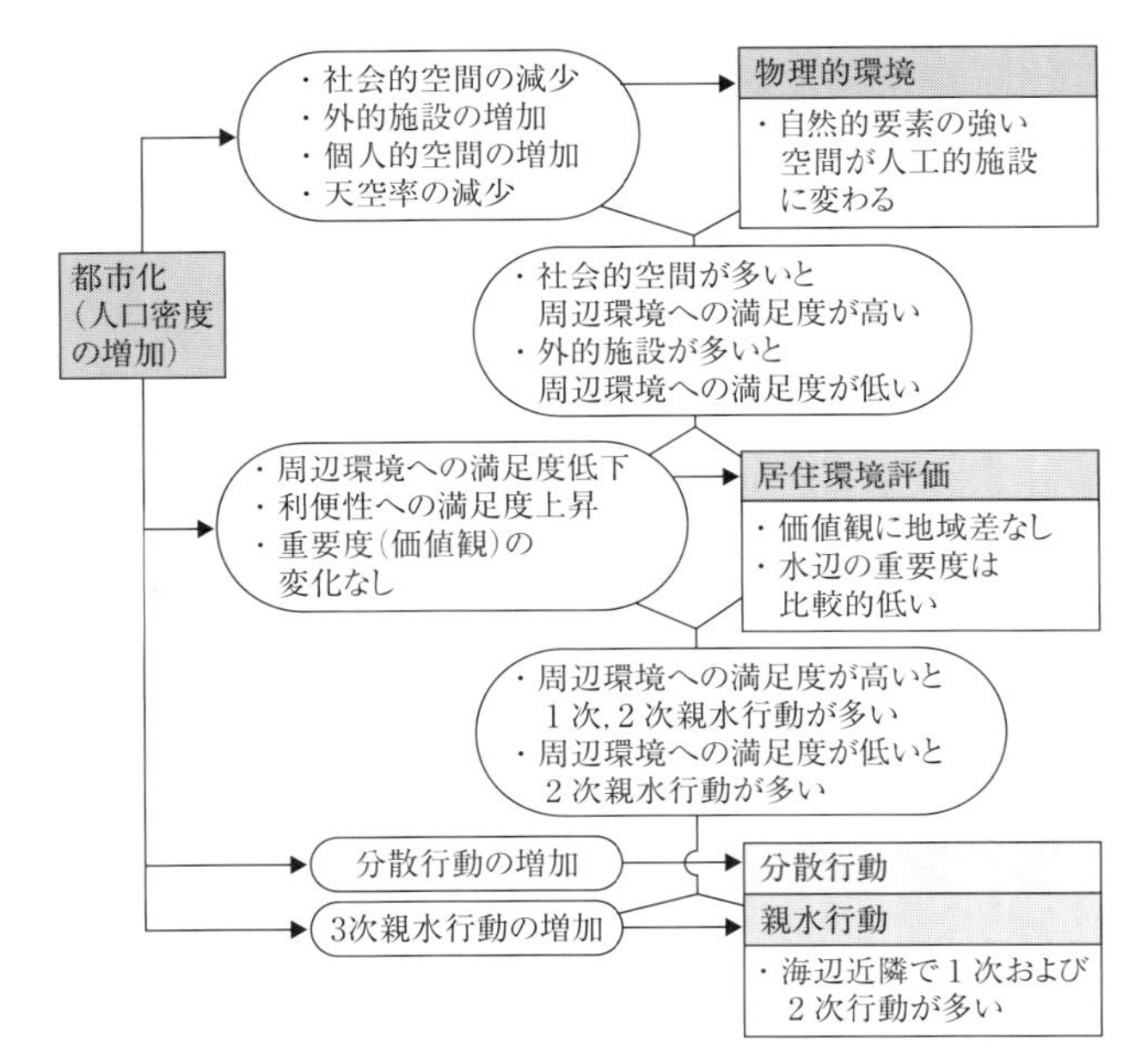

図-3　親水行動の背景関連図

たが、親水行動量の多い水辺ほどその水辺に対する評価も高くなる傾向がみられた。その一方で、評価が低いながらも行動量の多い河川の存在することもわかった。このことは、環境の悪い水辺であっても住民は何らかの意味のある空間としてとらえていることの表れであり、住民にとっては居住地周辺で散歩や気分転換、ぼんやりすることなど彷徨行動を通して水辺を利用しており、精神的な充足に寄与する親水機能としての役割を果たしているものと理解できる。この一連のプロセスを**図-3**に示す〈5〉。

親水行動に伴い水辺で得られる

心理的な効果としての「解放性」を人口密度との関係からとらえたものを図-4に示す〈6〉。

これをみると、やはり、居住地の人口密度が高くなるほど水辺における「解放性」の感受度も高くなる傾向がわかる。水辺で解放感を強く感じるということは、日常的な生活環境において、こうした心理的要因が欠乏していることの裏返しの表れであり親水行動によって水辺のある空間に接することで解放感を享受しているものと解釈できる。

水辺に至る人間行動は、都市化によるオープンスペースや自然の欠如による精神面でのストレスからの解放を欲する行動として顕在化し、水に触れることでヒトとしてのホメオスタシス（動的平衡状態）を維持していると思われる。いい換えると、都市環境に対応した「生物としての人間」が水辺に行くことは、一種必然的反応行為の一形態ともいえる。そのため、人々の日常的な利用が可能な範囲に環境条件の良い水辺空間を整備することは、都市住民が希求する快適な生活に寄与することになるため、身近に存在する水辺の重要性を十分に認識することが必要と思われる。

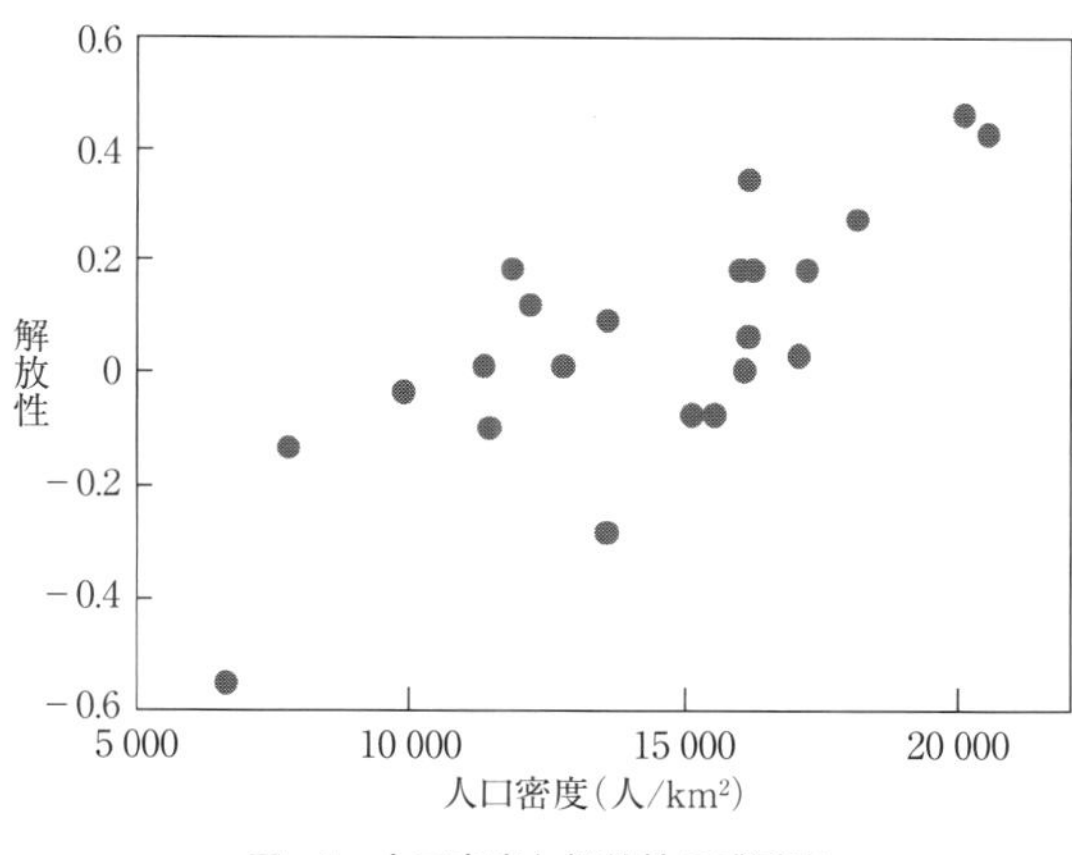

図-4　人口密度と解放性の感受度

こうしたことは、東京都のお台場海浜公園などに代表される都心部にある水辺の賑わう風景からも理解できる。また、江戸川区や江東区などが進めてきている使われなくなった運河や公共溝渠を埋め立てずに親水公園として再整備する取り組みは、社会的空間の減少が激しい都心部においてはきわめて貴重な水辺整備といえる。

6　水辺の果たす役割・効果

人が水辺に行くことの有意性は、①親水を希求する意識の発生、②水辺に行く親水行動、③水辺における親水活動、④水辺の評価、の四つの位相プロセスを通してとらえることができる。この過程を**図Ⅰ-5**に示す。親水希求は、都市化の影響で生起し、居住環境に対する不満などが増大化することで分散行動を起こし、そのひとつの行動が親水行動へと転化される。次いで、親水行動により水辺に至ることで、静的あるいは動的な親水活動が多様に展開され、合わせて、水との接触、水質評価、視環境、緑量、清涼感、生物の存在など、水辺の個々の要因に対する環境評価や水辺に対するイメージ形成がなされ、それが水辺に対する総体的評価となる。そして、水辺からもたらされる直接的・間接的効果や欲求緩和効果が得られることで、居住環境に対する不満の一部が解消されることになる〈5〉。

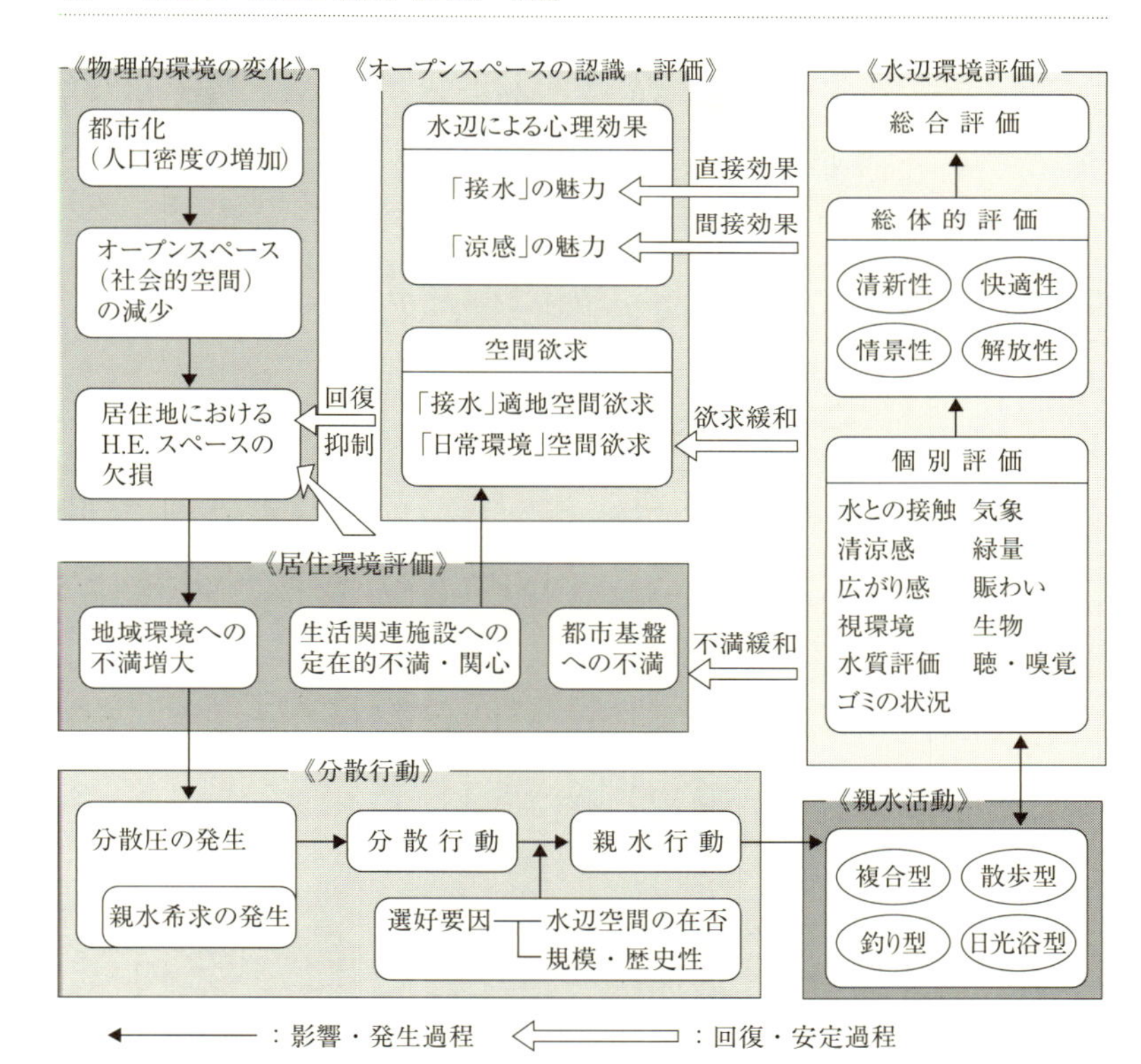

図-5　居住環境・親水行動・水辺空間の関連図

7　水辺がもたらす効果

水辺のもつ効果は、現状では住民の意識の中には潜在的に反映されているに過ぎず、希求対象としての優先度はさほど高くはなく間接的に居住環境の向上に寄与する要素のひとつになっているに過ぎない。

一方、都心部のウォーターフロントでは、近年、水辺のもつ快適性や親水機能を積極的に取り入れた超高層の集合住宅が林立してきているが、少し前まで時代を遡ると単なる臨海部の用地として扱われ、都心に集中した人口の受け皿として団地や集合住宅が建設されてきていた。そのため、多くの場合、水辺固有の親水機能やその効果を建物デザインや配置計画およびランドスケープの計画や設計に反映するまでには至っていない。また、水辺に対する認識も必ずしも十分ではなかった。そのため、１９７０年代以前に整備された臨海部に立つ団地の住民を対象にして、水辺の近傍での生活における意識や行動について調査を行った〈7〉。

その結果、住民生活には、水辺空間に起因する固有の意識・生活習慣が存在し、その特性は大きく2つに分けることができた。すなわち、現状の居住環境に対しては肯定的で水辺空間に起因するプラスの心理的効果を享受し、生活習慣の中に水辺空間がもたらす環境要因を積極的に取り入れるタイプが一つ。このタイプは水辺が見える部屋に食卓を置いたり、朝は必ず水辺を眺めるなど、生活シーンに水辺の眺望を取り入れる行動がみられる。一方、まったく逆の姿勢を取り、水辺の居住環境に対しては否定的で、水辺空間からはマイナスの心理的効果を感じており、生活習慣の中には水辺空間がもたらす環境要因を一切取り入れず、むしろ嫌うタイプがある。このタイプは子どもを水辺に近づけないなど水辺の危険負担を危惧したり、環境全般に対して不安を抱き、水辺を忌避する行動がみられる。こうした住民の意識と行動は、相乗的作用となって一体化し、生活様式を形成しており、水辺空間の存在に依拠した生活習慣の中には、水辺が居住性や快適性の向上に寄与する反面、水害の懸念や水の汚染などが居住性を低下させる一因となる場合のあることを示唆している。

また、水辺空間の形態や眺望性も生活様式に影響を与えているため、水辺形態に則した親水機能や環境形成機能を踏まえた上で、水辺の有するプラス効果を意識的に活用していくと同時に、水質浄化や防災不安の排除など、マイナス面を低減させるような計画的配慮を進めてゆくことが望まれる。

一方、人々が水辺のあるオープンスペースへ好んで行くのは、意識しているか否かにかかわらず、明らかに「水辺があるから行く」意味のある行動であり、水辺の親水機能を期待した本来の意味での「親水行動」であると理解できる。

では、親水行動先として期待される水辺空間は、どのような場所が望まれているのか、行動先調査を行った結果からは、「緑に囲まれた水辺」が行動先として最も多く選択された。その理由は、おそらく居住地の周辺から失われた自然と係わりの空間の欠損を補完するためには、緑と水の併存する場所が安らぎ感や潤いなどの快適性を効果的に享受できるためと思われる。

◎参考文献

〈1〉畔柳昭雄、渡辺秀俊、長久保貴志、近藤健雄：住民の意識・行動に基づく都市の水辺環境評価に関する研究、環境情報科学センター第6回環境研究論文 環境情報学22-2、128～134頁、1993

〈2〉畔柳昭雄、石井史彦、渡辺秀俊：河川空間に対する児童の活動特性とイメージ特性に関する研究―三重県宮川を対象とした児童の河川空間に対する空間認識に関する研究 その1―、日本建築学会 計画系論文集第518号、45～51頁、1999

〈3〉石井史彦、畔柳昭雄：河川空間に対する児童の活動経験と地域空間に対するイメージ特性に関する研究―三重県宮川を対象とした児童の河川空間に対する空間認識に関する研究 その2―、日本建築学会 計画系論文集第526号、59～

６５頁、１９９９
〈４〉品田穣：都市の自然史—人間と自然のかかわり合い、中公新書、３６１頁、１９７４・５
〈５〉畔柳昭雄、渡邊秀俊：都市の水辺と人間行動—都市生態学的視点による親水行動論—、共立出版、１９９９・５
〈６〉日本建築学会編：水辺のまちづくり—住民参加の親水デザイン、技報堂出版、２００８・９
〈７〉田島佳征、渡辺秀俊、畔柳昭雄：高密度住空間における水辺空間の効果に関する研究—居住者の生活習慣より見た水辺空間の効果—、日本建築学会 計画系論文集第４９４号、２７７～２８４頁、１９９７

第3章　親水公園の登場

1　河川を対象とした親水公園

１９７０年（昭和４５年）に親水機能の概念が提起され、７３年（昭和４８年）に東京都江戸川区に親水概念を具体化した古川親水公園が全国で初めて開園した。その後、４０年余りの間に都内ではさまざまな親水公園が整備されてきた。今日、親水機能は、治水、利水とともに河川の備えるべき機能として普遍化されてきている。そして、親水公園は新たな河川の整備手法として定着するようになり、市民権を得るまでになった。わが国における都市の水辺は、高度経済成長期における経済効率を優先した社会構造が構築される中で都市の裏側へと追いやられたことで、人々の生活から阻害され、都市基盤整備や宅地化に伴った埋め立てや暗渠化が進められることで、その多くが失われた。しかし、都市生活や居住環境の質的低下や環境悪化などに対する危機意識の高まりとともに潤いや安らぎのあるまちづくりが求められる時代になり、都市における「水のある空間」が「緑のある空間」と同様に価値ある自然環境として再認識されるようになった。そして、河川をはじめとする水辺空間のあり方から都市を見直す機運が高まる中で「緑の東京計画」や「水と緑の行動計画」などの都市政策のもと、水辺を骨格として位置づけた親水まちづくりが実施され、親水公園をはじめとする親水性を重視した水辺空間の整備が多数進められてきている。しかし、親水公園については、都市公園法、自然公園法などの法制度において定義づけられている訳ではなく、また、指針なども整備されていないため、現状では、水に親しめたり、河川や海辺に立地する公園を指している場合も多く、概念や考え方としてとらえられている。そのため、親水のとらえ方が曖昧化した状況となっている〈1〉、〈2〉。

2　東京に海辺を取り戻した海上公園

東京湾や大阪湾の臨海部では1980年代後半のバブル経済華やかしきころ、ウォーターフロント再開発のブームによって水際開発が行われた。東京湾では、千葉県の幕張で幕張メッセと呼ばれるコンベンションセンターを中心としたまちづくりが行われ、東京都では臨海部の埋め立て地に臨海副都心と呼ばれる業務、商業、娯楽を取り入れたまちづくりが行われ、横浜市ではMM21と呼ばれる業務・商業からなるまちづくりが展開された。これらのまちづくりにおいて、海際には千葉幕張では人工海浜が整備され、また東京都臨海副都心では海浜公園を中心埠頭公園やプロムナードが整備され、さらに横浜MM21地区では親水性をもつ護岸と汐入公園が整備されるなど、それぞ

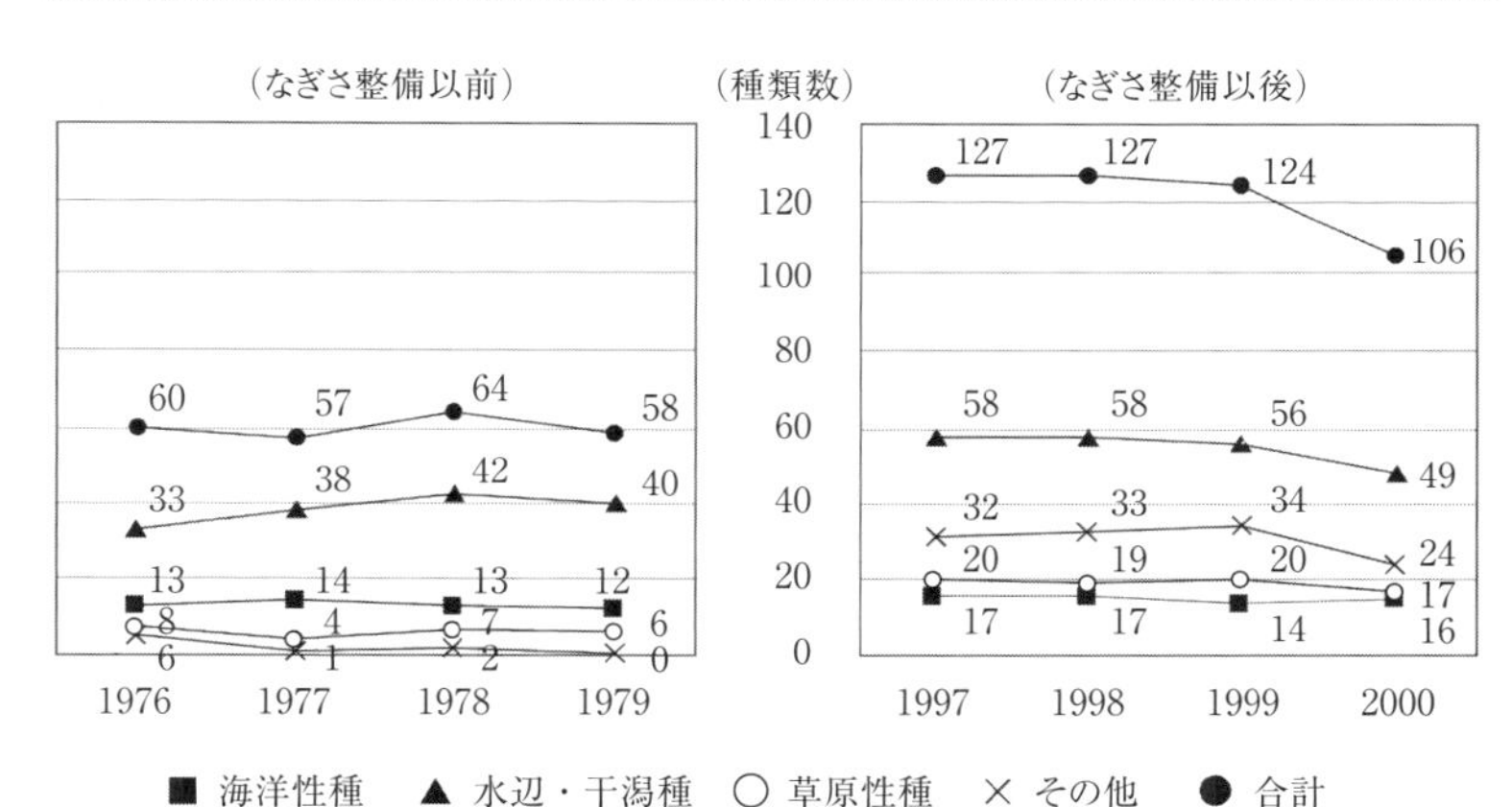

図-1　葛西海浜公園の人工なぎさ整備による野鳥の飛来の変化

れの地区で親水性に富む空間整備がなされた。

こうしたウォーターフロント再開発が台頭する以前、東京都ではすでに水辺の環境保全に対する積極的な取り組みを展開してきていた。その取り組みが海上公園事業である。東京都では1960年（昭和35年）頃に顕在化した海域や河川における水質悪化や自然環境の喪失の拡大に対して、都民からは「水」や「緑」を含めた身近な「自然」に対する欲求が高まった。また、都市公園事業においては水域を含むことができないため、東京都は独自の構想として1970年（昭和45年）12月に「失われた海を都民の手に返す」ことを目的とした「東京都海上公園基本構想」を策定した。次いで1971年（昭和46年）8月には、この構想の具体化のための「海上公園基本計画」が策定された。この基本的考え方は、①東京湾の水を浄化し、自然を回復して都民に提供する。②都民が創造する多様なレクリエーションの

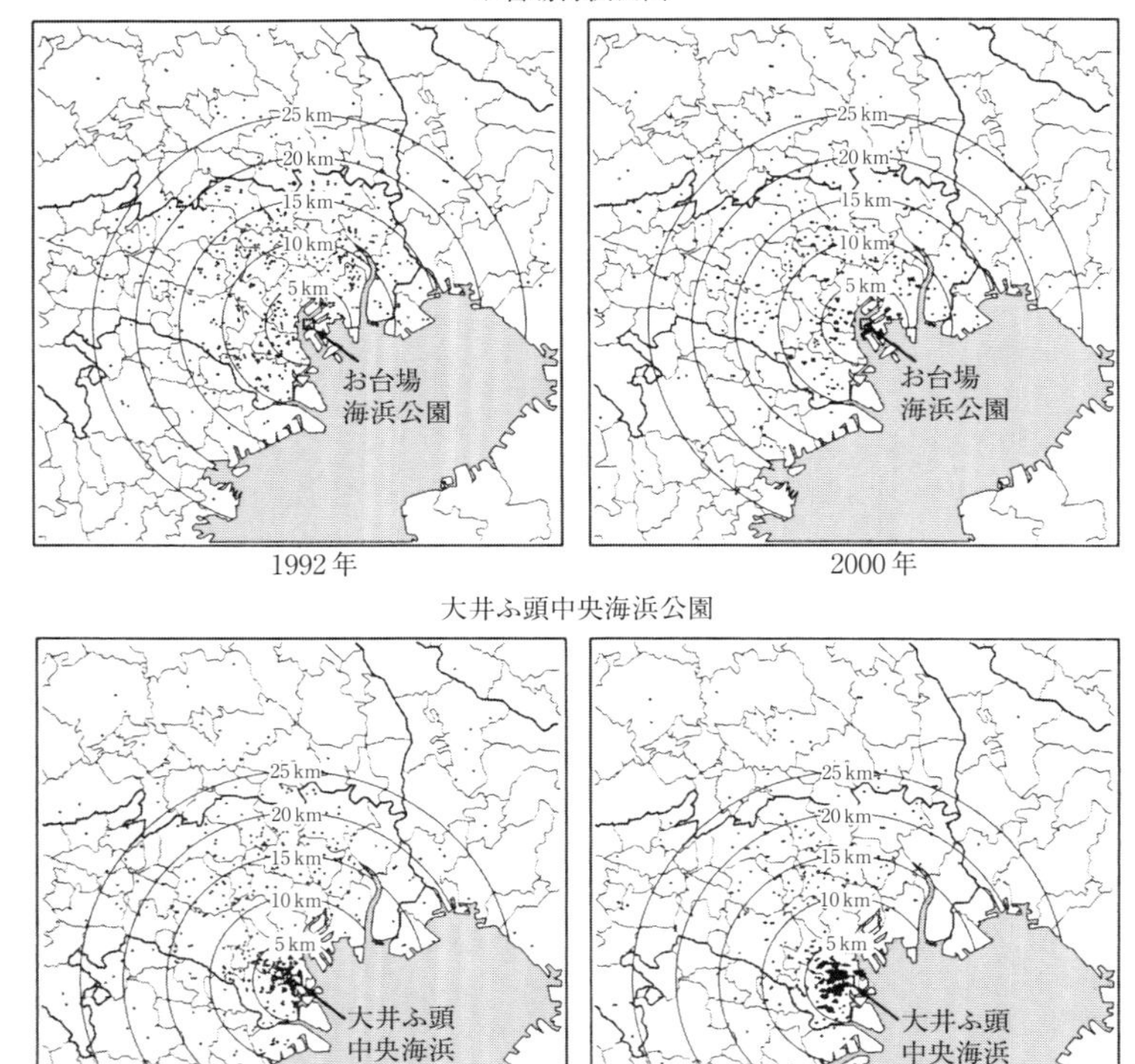

図-2　お台場海浜公園と大井ふ頭中央海浜公園の誘致圏

場として発展する公園とする。③既成市街地のオープンスペース計画と関連する公園とする。④都民が参加する公園とする。整備は1972年（昭和47年）から始められ、3年後の1975年（昭和50年）にお台場海浜公園が第一号の海上公園として開設され、次いで晴海ふ頭公園が開園した。以来、現在までに海上公園として海浜公園、緑道公園、ふ頭公園などを含めて38公園が供用されてきている。この中で1989年（平成元年）に開園した葛西臨海・海浜公園や1996年（平成8年）に再整備されたお台場海浜公園は、首都圏の住民だけでなく全国から人々が訪れる観光スポットとなり、多くの人々に親しまれる水辺の整備として成功を収めている。また、葛西海浜公園に人工なぎさが整備されることにより鳥類の飛来種が増加するようになり、生態系の保護効果も表れている（**図-1**）〈3〉、〈4〉。

こうした海上公園に対する都市住民の利用状況をみるため、1992年（平成4年）と2000年（平成12年）の二度調査を行った。それぞれの公園来訪者の居住場所を地図上にプロットしたものを**図-2**に示す。1992年（平成4年）当時は臨海副都心が建設途中であったが、その後、2000年（平成12年）の調査時点では公園背後にさまざまな建築物が建てられることで周辺環境は一変した。こうした状況の変化を踏まえて調査の結果をみると、利用者の居住地は92年と比べ比較的広範囲に分布してきており、とくに15キロメートル圏内から約60％の人々が来訪（92年は57％）し、25キロメートル圏を越える遠方からも20％以上（92年は14％）の人々が訪れていることがわかる。一方の大井では二度の調査の間、大きな環境変化は生じていない。利用者の動向をみると、お台場とは異なり公園の近隣の利用者が集中していることがわかる。とくに2000年（平成12年）の結果では5キロメートル圏内の利用者が47％（92年は34％）を占め、25キロメートル圏以上は10％（92年は13％）と減少している〈5〉、〈6〉。

この二箇所の海浜公園の調査結果をみるとそれぞれの海浜公園の性格の違いにより、身近な人々の利用が増えたり、あるいは遠方からの利用者が増える傾向がわかり、水辺に対する利用者意識の変化は社会的な水辺に対する認識の変化として顕在化してきているものと思われる。

3　河川・運河を対象とした親水公園

都市の中の河川や運河は、１９６０年代頃は生活廃水や下水道水の流入により、水質ばかりか流路や護岸を含めて低位な状況になり、人々からは背を向けられる場所になってしまっていた。しかしながら、７０年代に入り、「緑」の再認識がはじめられた時期と同じ頃、「水」に対する関心も高まり、河川や運河に目が向けられるようになり、１９７３年（昭和４８年）に江戸川区で全国初の親水公園が開園されて以降、今日までに五つの親水公園が区内に開設されてきた。

隣接する江東区内にも現在七つの親水公園があるが、こちらは江戸時代に徳川家康の命により開削された小名木川、仙台堀川、竪川、横十間川など１９の河川や運河を再生したものである。これら河川や運河は千葉県方面から江戸に塩や米など物資を運ぶための輸送路として開削され、明治時代以降は、工場への輸送路や木場への輸送路として利用されてきた。時代が昭和に変わると工業地帯として発展することで地下水の大量汲み上げに伴う地盤沈下が進行し、区内全域の土地が海抜０メートル地帯となった。その結果、河川を行き交う運搬船が橋脚を通過することが困難になり河川利用は急激に衰退した。また、地区全体の地盤沈下は台風などによる大雨や高潮で水害を発生する原因ともなった。

こうしたことから「江東デルタ地帯」と呼ばれる地域の災害防止を図るため、「東京江東地区の防災事業に関する方針（1971年）」が作成され、江東区内にある河川の整備方針が提案された。①内水位低下方式（人工的に川の水位を低くする方法：江東区の東部地域にある川が対象（北十間川、横十間川、小名木川など）。②耐震護岸方式（護岸を地震に強い構造にする方法：江東区の西部地域にある川が対象（扇橋閘門より西の小名木川、大横川など）。③埋立てや地下水路にする方法：川や運河としての利用が見込めない川が対象（竪川、仙台堀川の一部、横十間川の一部、古石場川など）。の三つの方式が検討された。現在公園になっている仙台堀川は、整備方針では③と位置づけられることで埋め立てや暗渠化の対象となったが、その具体的な整備方法は検討されていなかった。この頃の仙台堀川は、満潮になると水面が周りの土地の高さよりも上になる天井川の状態であり、護岸は徐々に嵩上げされて高い塀の状態で、その形状から「かみそり護岸」とも呼ばれ、繋ぎ目やひび割れから水がしみ出す危険な河川であった。

そのため、江東区では1978年（昭和53年）になり、水路を全面的に埋め立てず、水路幅を1／7に狭めながらも水路を残すように埋め立て工事を行い、埋め立てた場所に植樹を施し歩道整備を行い公園化するとともに水路を親水化し親しみのもてる水辺づくりを展開した。この工事は8年間の長期にわたり、1986年（昭和61年）3月に江東区全域で親水公園が誕生した。仙台堀川親水公園はこれより早く１９８０年（昭和５５年）４月に開園し、樹木と水面とを身近に感じることのできる全長約３７００メートル、面積約１０万３８５０平方メートルの規模の親水公園となった。この公園は途中で同じく埋め立てでつくられた横十間川親水公園と合流している。横十間川親水公園は１９８４年（昭和５９年）４月１日に開園した。この親水公園は多くは既存の河川を生かし、水辺を身近に感じることのできる総延長約１９７０メートル、面積約５万５８３平方メートルの規模をもつ。こうした河川や運河の親水公園化は背後の土地利用形態に影響を及ぼし、水路に面して建てられた工場や倉庫は、しだいに高層マンションや業務ビルに姿を変え、それまでの江東区のもつ街のイメージを大きく変える原動力となった。

4　東京都２３区の親水公園

■２３区における親水公園の位置づけ

東京都２３区の各公園課に対して、親水公園と判断して管理している公園の有無とその公園数について調査を行った。その結果、東京都においては「親水公園については明確な定義が無いため、親水公園として判断して管理している公園はない」との回答が得られた。また、各区については、足立区、葛飾区、北区、江戸川区、江東区、墨田区、品川区、大田区、世田谷区、渋谷区の１０区で７１の親水公園の設置を確認できた。一方、設置されていないと回答を得た区で理由を聞いたところ、「水面を有した公園はあるものの、親水公園の定義がないために親水公園としては認識していない」、「元々河川が少なく、また、すでに埋め立ててしまっているため、親水公園の設置に際しての水量の確保が困難なため」との回答により、各区の公園課における親水公園に対する認識に差異がみられることがわかる。

親水公園の設置がみられる10区について、各区の親水公園に対する認識をとらえたところ、わが国初の古川親水公園のある江戸川区では「親水概念に基づく8つの機能区分と目的、施設を設定し、それらを満足する公園」として明確な認識・定義がされていた。他方、大田区では「既存の河川環境を取り込んだ公園」としており、葛飾区では「子どもが入って水遊びできるように整備された公園」、世田谷区では「水辺を楽しみながら散策できるように整備した公園」として認識・定義していることがわかり、こうしたことから各区の親水公園整備に対する認識の違いがわかる。

また、親水公園整備の動向をみると1973年（昭和48年）に古川親水公園が開設され、親水公園整備が新しい河川整備の手法として認識されたことにより、その後、親水公園開設数が増加した。とくに1986年（昭和61年）から1993年（平成5年）の期間に全体の約半数にあたる33公園が開設されているが、この背景には、1980年代に入り「東京都緑のマスタープラン」や「東京都長期計画」、「東京都緑の倍増計画」、「東京都環境管理計画」などが策定され、そこに「快適環境の創出と保全」をまちづくりにおける主要課題のひとつに取り上げている。また、物質的な豊かさに留まらず、「潤い」や「やすらぎ」などの精神的な豊かさを実現しようという要請に積極的に応えようとする指針が設けられたことにより、各区における公園整備への取り組みが本格化したことがあげられる。しかしながら、１９９４年（平成６年）以降、親水公園開設数は年々減少傾向を示している。その要因としては、「新たに公園整備を行う際の土地の確保の困難さ」や「公園整備に際しての資金面の確保」が課題であると各区では指摘しており、今後の親水公園整備の進展は難しい状況にある。

古川親水公園の開設後の１９７４年（昭和４９年）から２００４年（平成１６年）までの３１年間における親水公園設置数の変遷と分布を第１期（１９７４〜１９８４年）、第２期（１９８５〜１９９４年）、第３期（１９９５〜２００４年）としてとらえた。この結果、１９８４年以前は北部、東部の沖積低地における河川や運河に集中して整備が進められたことがわかる。１９８５〜１９９４年では、東部低地帯の水路や運河の水辺に加え、北部低地帯での分布が多数みられる。これらの地域は土地区画整理事業の施行に伴い土地利用の転換が進み、遊休地や工場からマンション・住宅へと変化しており、利水から親水へと水面利用の形態が変わり、親水公園が都市居住地域において整備されてきた。１９９５年以降は、都心部から５〜１５キロメートル圏内の北部低地帯や西部台地での公園整備がみられる（**図-３**）〈７〉。

各区の親水公園整備の特徴は、土地利用履歴にみられるように、既存の水辺の有無が大きく関係しているといえる。渋谷区、北区は既存の水辺空間が存在しないため、公共用地をはじめとする水面以外からの変更が多くみられ、「新たな水辺の創出」を目的とした「創造

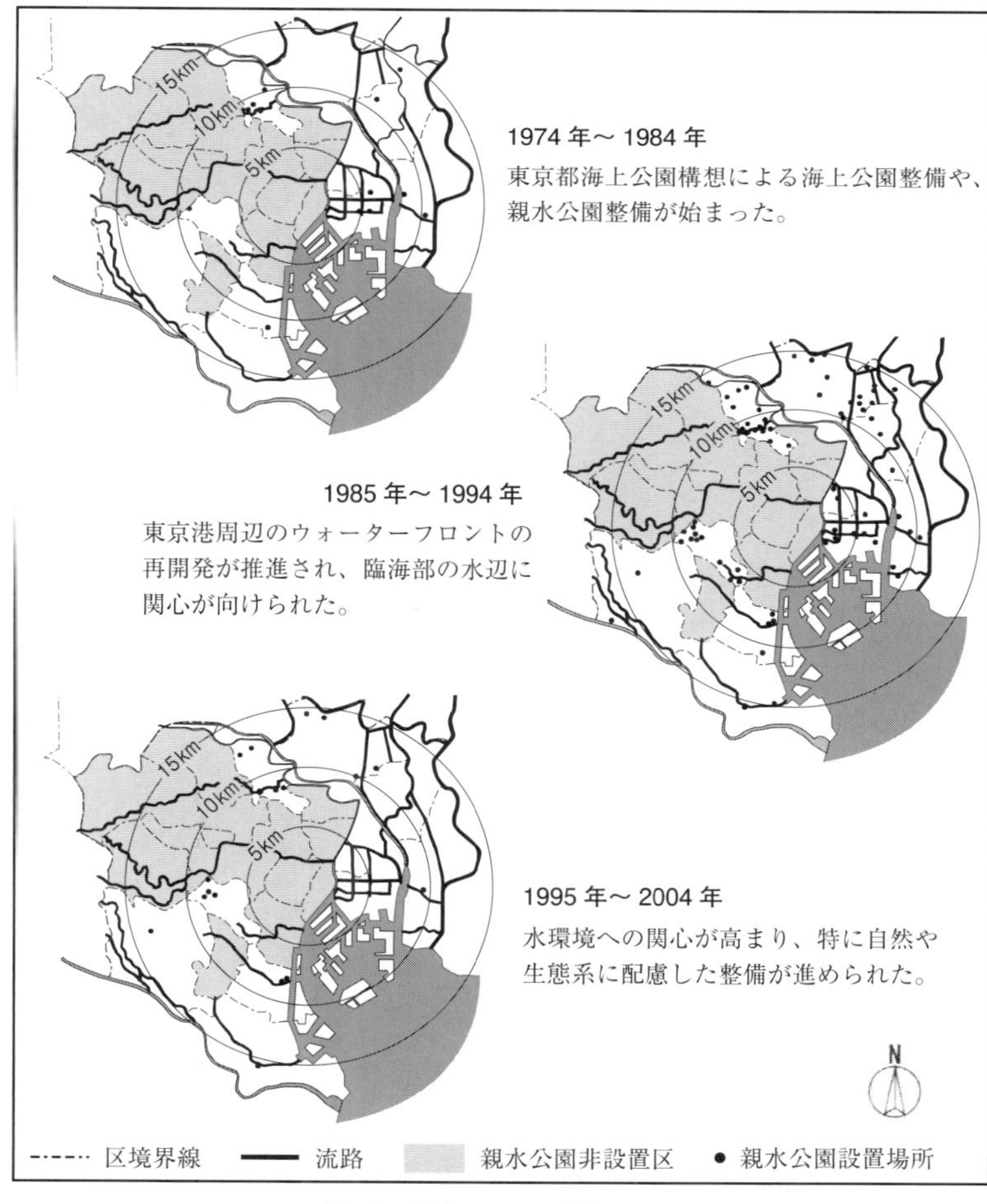

図-3　親水公園開設年代別分布

型」の親水公園整備が多く、さらに、既存の水辺を有する区においては、その立地や形態、各区の親水公園に対する要請により違いがみられる。足立区、江東区は東部低地帯に位置し、区内に多くの水路や運河が残存するため、その大半が水面からの改変であり、「既存の水の形態を変更・追加することで以前と異なる水辺の創出」を行っている。墨田区、葛飾区、江戸川区も同様に東部低地帯に位置し、舟運や灌漑用水として利用されていた水路、河川利用の停止に伴い、新たな河川の利用方法として親水公園整備が行われた。そのため、「再度導水もしくは人工的な流れを創出し、せせらぎの復元」を目的とした「復元型」整備が行われている。品川区、大田区、世田谷区は河川や運河の幅員の大きな水辺を利用し、「水と人の係わりを保全・維持」することを目的に既存の水辺整備を進める他、沿線の土地を公園として整備することで水辺との関係性に配慮している。

5　親水公園の効果

■建物名称にみる親水公園の効果

江戸川区に誕生した古川親水公園の成功は、排水路と化し、ドブ川化した様相をみせることで周辺住民からは見捨てられてきた水路を単にかつての原風景としての流路を取り戻しただけの復元再生ではなく、水や生き物と親しみ、心安らぐ親水機能に満たされた水路を生み出したことにある。そして、このことが、すなわち住民たちの地域に対する誇りとなり、かつ愛着心となるなど、都心部の住民意識から消えかけてきていたふるさと意識を醸成するきっかけづくりの提供となり、地域社会形成の強化をもたらすものにもなったことがあげられる。

以来、江戸川区では、区政の中で「緑と水」のまちづくりを掲げつつ、区内を流れる中小河川、用水路、公共溝渠などを親水公園や親水緑道として積極的に再生することにより、現在、前者は5流路、後者は18流路の計23流路が流下する街となっている。こうした親水公園・緑道は区民の生活にしっかりと定着するとともに流路周辺の土地利用の改変にも大きく作用し、街の空間や環境形成および住民の暮らし方も変貌させてきた。

その変化の表れの特出したものとしては、親水公園周辺に建てられたマンション・アパートなどの集合住宅につけられた名称に現れている。通常、マンションやアパートには、好感度の高い、あるいは良好なイメージやインスピレーションの沸く地名や建物名などの名称に準えて命名することによるイメージ効果が期待される場合が多いが、江戸川区の親水公園周辺では、「親水公園」を冠したマンションやアパートなどの建物が多くなっていることがわかる。このことは親水公園による地域イメージの良好さがステータスシンボルとなっていることの表れとも思われる。本書の共著者である上山肇氏が調査や著書（1994年都市計画学会学術研究論文集、361~366頁）を通して発表しているが、上山氏によると「親水公園周辺を歩くと面白いことに気づく、中略『……マンション親水公園』といった名前の建物がある」。また、小松川境川親水公園を対象とした調査では、親水公園の名称が付けられたマンションなどは19棟あり、さらに親水公園に関連した名称が付く

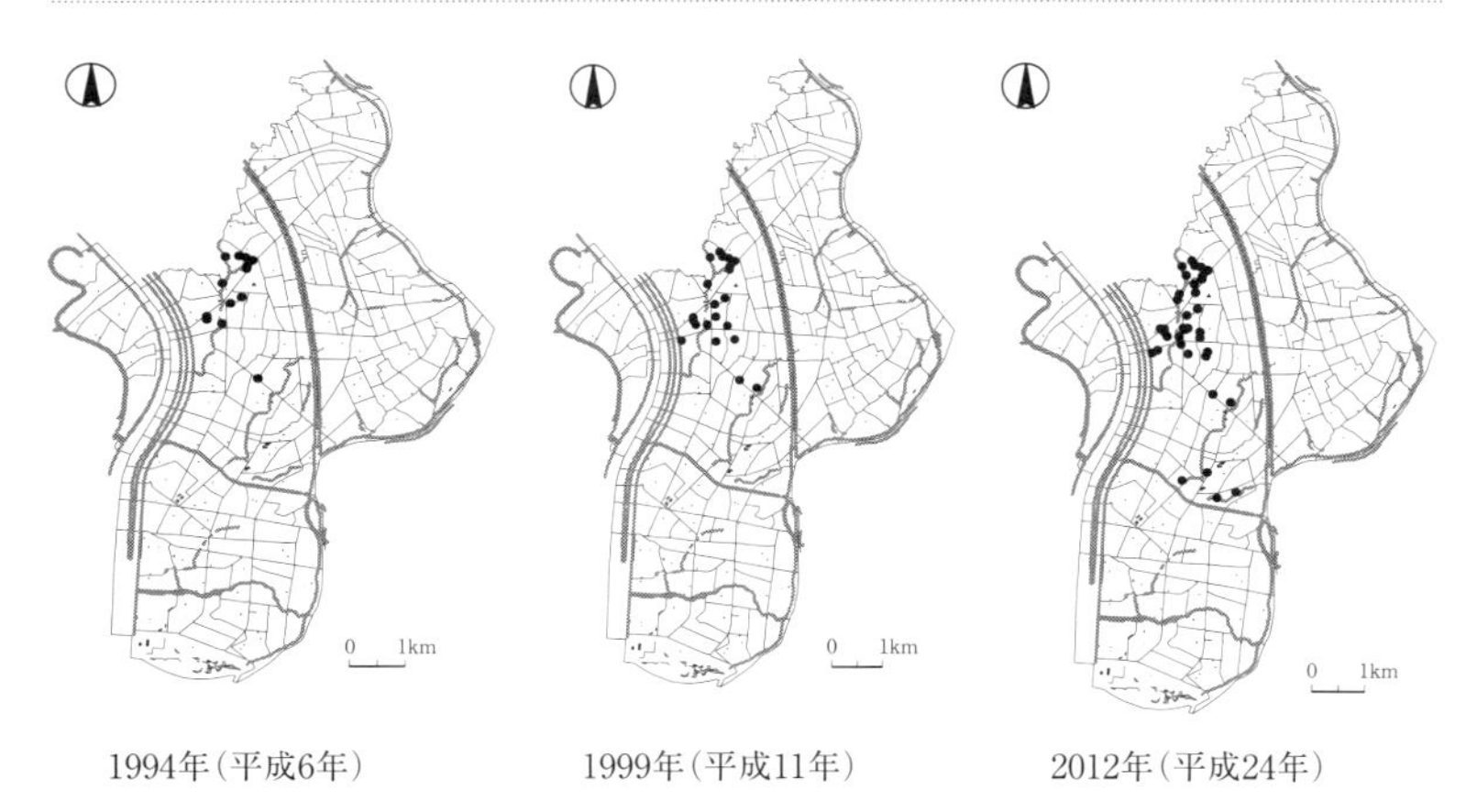

図-4　親水公園の名称が付く集合住宅の分布傾向

ものは公園から100メートル圏内に17棟みられたことが報告されている。このことからも親水公園が地域イメージの向上に寄与していることが理解できる。そこで、上山氏の調査を礎に2014年に江戸川区全体の親水公園を対象として、マンション等集合住宅に付けられた建物名称の追従調査を実施した。すると、親水公園を冠した集合住宅は小松川境川親水公園周辺で38棟みられ上山氏の調査以後倍増していることがわかり、親水公園がステータスシンボル化していることがわかる（**図-4**）〈8〉。

また、親水公園以外にも関連した水や河川および海に関する語句も使用されていることがわかるとともに、こうした語句は多言語化して使われており、日本語はもちろん、英語、ドイツ語、フランス語、スペイン語、イタリア語、ロシア語と多義にわたることがわかった。ちなみに、語句の内容をみると、海に関するものが最も頻繁にみられ、次いで河川に関するもの、そして、水に関するものの順となっていた。江東区における同様の調査結果では、日本語、英語、フランス語の三か国語に限られていたが英語名称の使用が著しく多くなっていた。

一方、河川に関する名称の集合住宅は江戸川区全体に分布しており、その数は191棟を数えた。その分布は、荒川、新中川、江戸川、新川、新長島川親水公園、葛西親水四季の道などの周辺地区に集まっていた。

さらに、江東区においても同様な傾向がみられ、工場跡地からマンションなどの集合住宅に土地利用が変更され、その建物販売の広告等をみると、隣接する親水公園の様子が販売建物以上に大きく掲載されており、親水公園イメージ＝販売建物イメージと重なることによる相乗効果が期待されていることが表れている。

こうしたことから親水公園の存在は、地域のイメージ向上に対しても大きく寄与するものであることがわかる。

■都市における微気象形成の効果

親水公園が人に与える効果は、公園を構成する緑や水がもたらす潤いや安らぎなどの心理的な効果があるが、これらは単に視覚的、雰囲気的にもたらされるだけではなく、親水公園を形づくる樹木が木陰を生み出し、水辺が大気を冷やすことにより、周辺部の大気よりもいくぶん低い気温のクールスポットを形成する。そのため、人々が公園を訪れると涼感を感じることになり、それが心理的

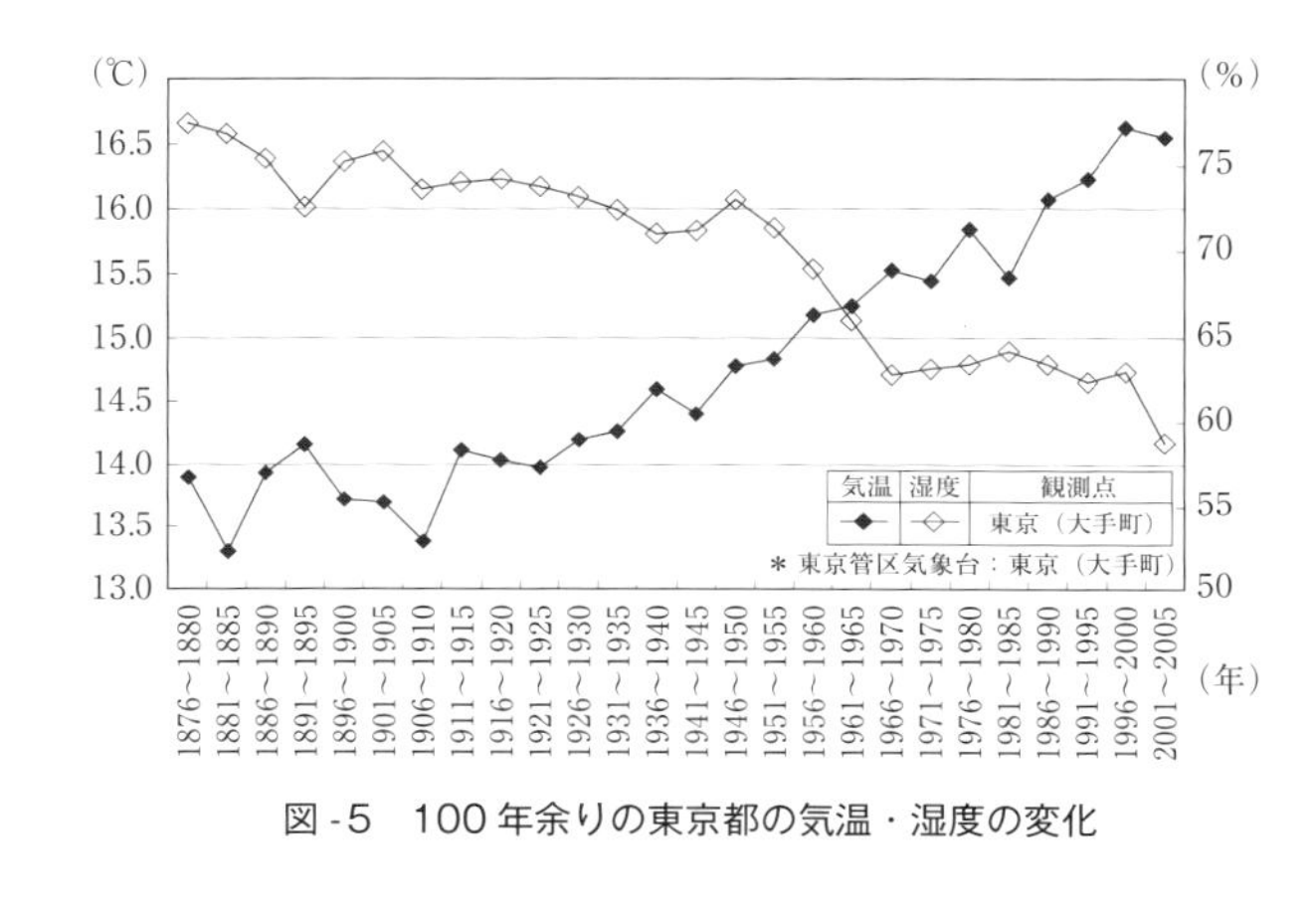

図-5　100年余りの東京都の気温・湿度の変化

に良好な効果となって影響することになる。こうした効果をもつため、親水公園の張り巡らされた地区では、他の地区と比べても大気温度がいくぶん低くなる傾向がある。

東京都の都心部では、昨今、夏季になるとヒートアイランド現象が発生し、日中夜間を問わず高温化現象が起き、都市生活を営む上での快適性を著しく低下させている。この現象は都市化による地表面被覆の人工化が進むことによる水面や緑地等の自然環境の減少に起因しており、都市の乾燥化を引き起こすとともに気温の上昇を助長する現象となっている。このことは**図-5**に示す東京大手町にみられる気象の経年変化の推移にも現れており、平均気温と相対湿度がこの100年余りの間で、気温は約3度上昇し、相対湿度は20％程度低下していることにも表れている〈9〉。

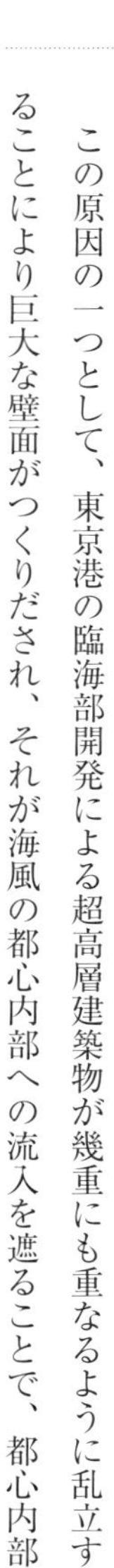
この原因の一つとして、東京港の臨海部開発による超高層建築物が幾重にも重なるように乱立することにより巨大な壁面がつくりだされ、それが海風の都心内部への流入を遮ることで、都心内部

の高温化を進めていると指摘する声がある。この超高層建築物による壁は東京ウォールと呼ばれている。こうした状況を打破するため、東京駅八重洲口再開発では、都心部に流入する海からの風の通り道を遮らないように、新たに建てられる超高層ビルは風の道を避けるように駅の両側に寄せて建てられた。また、品川区では、区内を流れる目黒川を遡上する海からの風を都心部に流入させるために、川沿いに建てられる新たな建物は、川に面して45度振って配置することを奨励している。

このようなことから都市河川や運河、水路などの水辺空間が形成する冷気を用いて、都市熱を冷やし、ヒートアイランド現象を緩和させる案も検討されてきている。

そこで、実際に親水公園が周辺市街地と比べて、どの程度気温が低いのか、江戸川区を流れる一之江境川親水公園における気温測定を行った。

この親水公園は区内を南北に流れる形で立地し、公園の幅は10メートル程度で流路幅は2メートル程ある。流路の両側には5メートル前後の樹木が植栽されている。親水公園の断面気温分布を**図-6**に示す（計測時2007年7月28日）。

流路の水温は28.3度で、風況は公園内ではほぼ流路と並行するように南南西の風が吹走していた。この時の気温分布をみると水面付近で最も低くなる傾向がみられ、水面上部や樹木等の植栽が配された場所では、低温域としてのクールスポットが形成されている。この低温域はわずかながら公園東側ににじみ出ている。沿線道路上の気温は公園内と比較して最大+0.6度を示し、道面に近い程高温傾向を示すことがわかる。このことから、公園内の水面付近では水面からの水分蒸発

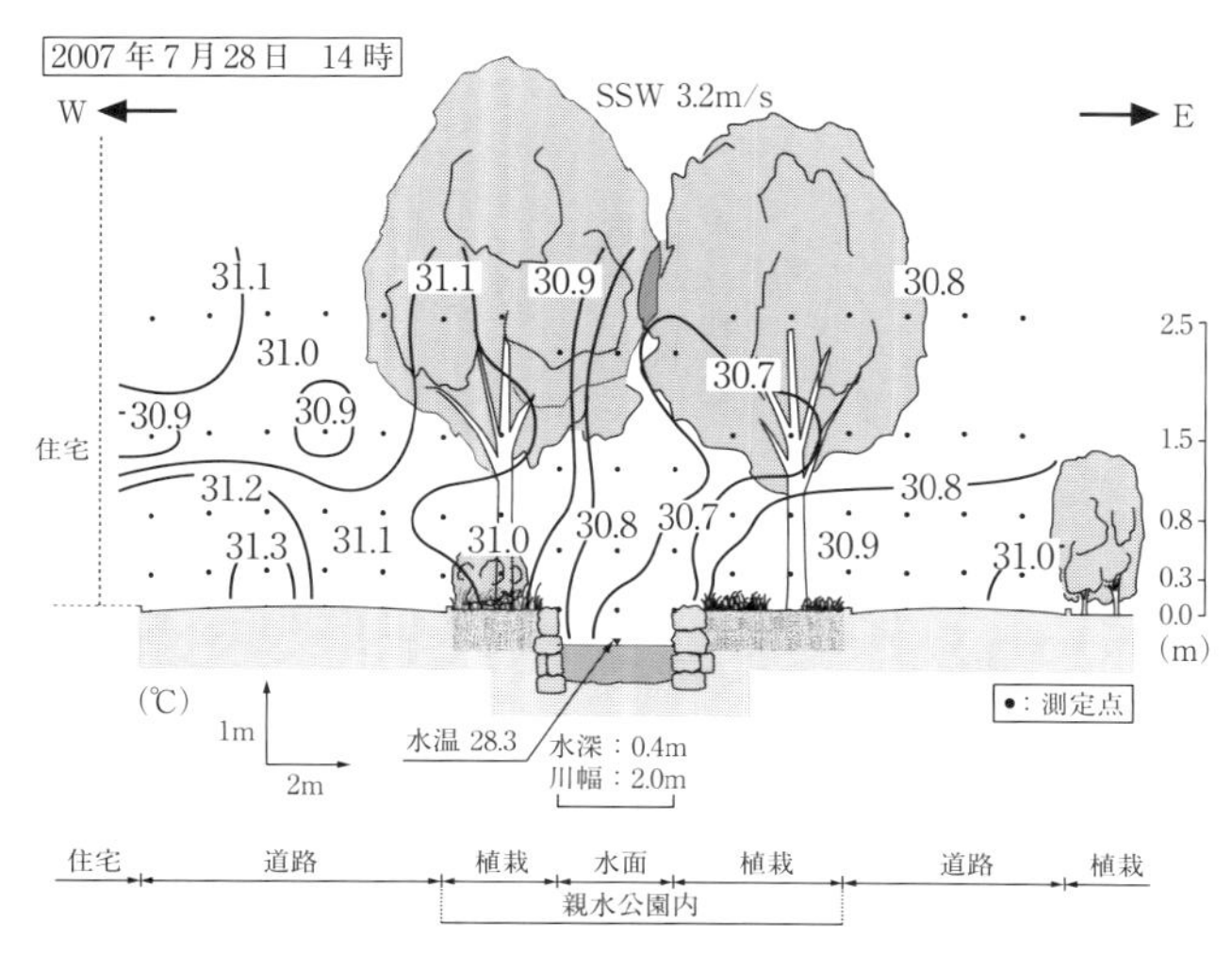

図-6　一之江境川親水公園の断面気温分布（江戸川区）

に伴う気化熱や樹木等の緑葉からの蒸発散作用により低温域が形成されているものと考えられる。また、低温域が公園東側にとくににじみ出して分布する要因としては、公園内を吹走する南南西の風の影響によるものと考えられる。公園内と沿線道路上との気温の差異は、日射を遮る樹木等の有無の差が第一にあり、日射を遮るものがない道路上では直射日光の影響を受けて、舗装面からの輻射熱により地表面付近の気温を上昇させていると考えられ、第二は道路を通行する自動車等の人工排熱の影響も要因の一つにある。一之江境川親水公園の周辺街区の気温分布を**図-7**に示す。

これをみると公園内は周辺街区の気温分布と比べて、最も気温の高い時刻でも31・3度から31・5度の範囲であり、周辺と比べ

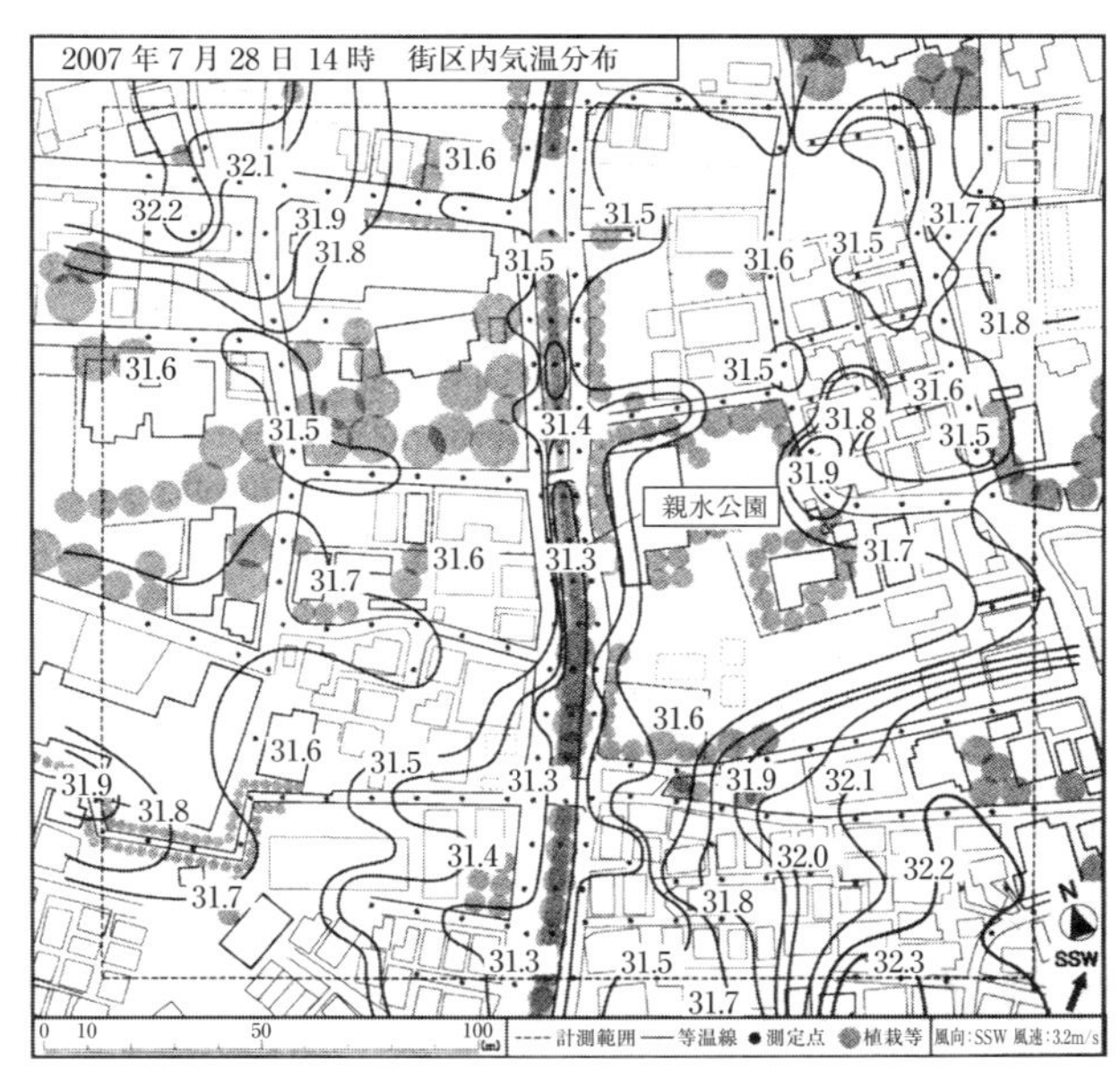

図-7　一之江境川親水公園における周辺街区の気温分布（江戸川区）

て0・1度から最大1・0度の気温差が生じている。気温分布の傾向をみると、公園と直交する街区の通りに対して、低温域の広がる傾向がわかり、公園内の樹木と周辺の住宅地に繁茂する樹木が連続的に繋がる状態の場所付近が低温傾向となっている。一方、公園から距離を置くに従い東側の密集した住宅地区では気温が高まり、住宅内に樹木が比較的繁茂している西側の住宅地では最大0・4度程度の気温差があり、樹木の有無と住宅の密集度合いにより気温差の生じることがわかる〈10〉。

親水公園は、公園内において水面と供に樹木等が植栽されることで、冷気を滞留させるクールスポットを生み出しており、道路面上と比べて気温の低いことがわかる。これは園内の水面や自然土壌面、樹木等から発せられる水分蒸発が、周辺の気温を低下させるとともに、この低い気温の大気を公園内に滞留保存する役目を植栽された樹木の集密性が果たしている。

親水公園内では、水面と併せて地表面を覆うように緑地を形成することで相乗効果が期待でき、周辺街区内においても公園内から連続した樹木等がある場合、その効果の拡大に寄与することをとらえた。こうしたことから、都市内に分布する既存の中小河川や運河、水路、さらには蓋掛けされた廃止流路等を親水公園として整備し、親水公園の有する微気候形成効果を効率的に利用することが可能になればヒートアイランド現象を緩和する有効な手段になるものと思われる。

◎参考文献

〈1〉長久保貴志、渡辺秀俊、畔柳昭雄、近藤健雄：都市住民の意識からとらえた水辺空間のもつオープンスペース効果に関する研究―居住環境における水辺空間価値に関する研究　その1―、日本建築学会　計画系論文報告集第464号、215～223頁、日本建築学会、1994

〈2〉渡辺秀俊、畔柳昭雄、長久保貴志：都市内の水辺空間と居住環境評価の関連性に関する研究―居住環境における水辺空間価値に関する研究　その2―、日本建築学会　計画系論文報告集第468号、199～206頁、日本建築学会、1995

〈3〉佐々田道雄、畔柳昭雄：浜公園利用者の満足度と利用行動に関する研究、日本造園学会誌、ランドスケープ研究、研究発表論文集18、643～648頁、日本造園学会、2000

〈4〉武田雄、畔柳昭雄：葛西海浜及び臨海公園整備にみられる環境改善効果と維持管理方法に関する調査研究、日本造園学

会誌ランドスケープ研究、研究発表論文集21、723〜728頁、日本造園学会、2003
〈5〉畔柳昭雄、佐々田道雄、渡辺秀俊：都市臨海部における利用者の水辺環境評価に関する研究―都市住民の親水行動特性の変容に関する その1―、日本建築学会 計画系論文集第557号、367〜374頁、日本建築学会、2002
〈6〉佐々田道雄、畔柳昭雄、渡辺秀俊：都市臨海部における利用者の親水活動特性に関する研究―都市住民の親水行動特性の変容に関する研究 その2―、日本建築学会 計画系論文集第568号、185〜192頁、日本建築学会、2003
〈7〉蓑田辰彦、畔柳昭雄：東京都区部における親水公園整備の実態に関する調査研究、日本造園学会誌、ランドスケープ研究、研究発表論文集23、451〜456頁、日本造園学会、2005
〈8〉上山肇、北原理雄：親水公園の周辺土地利用と建築設計に及ぼす影響、第29回日本都市計画学会学術論文集、361〜366頁、1994
〈9〉畔柳昭雄、松永知仁：都市気候の改善を図るCool Linear Park構想実現のための基礎的研究、日本造園学会誌、ランドスケープ研究（オンライン論文集）、研究発表論文集27、11〜16頁、日本造園学会、2009
〈10〉弓削龍、畔柳昭雄：親水公園における四季を通した微気象に関する調査研究、日本造園学会誌、ランドスケープ研究、研究発表論文集28、465〜468頁、日本造園学会、2010

Ⅱ編

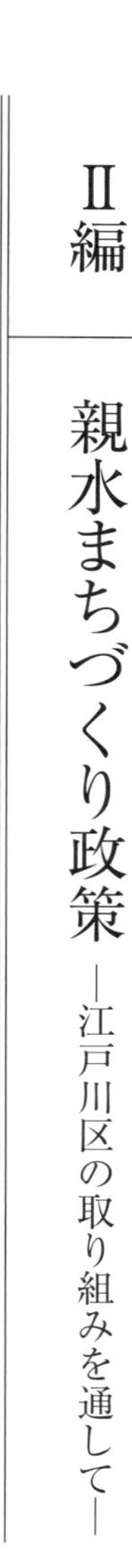

親水まちづくり政策

―江戸川区の取り組みを通して―

―　上山　肇　―

第4章 親水まちづくり

キーワード：親水　親水公園　親水まちづくり　コミュニティ形成　江戸川区

1 〝親水まちづくり〟とは？

■〝親水公園〟・〝親水まちづくり〟の定義

親水公園の定義についてみてみると、「都市の海や河川などの水辺を市民に開放し、水に親しむ機能をもった公園、緑地。自然の回復、レクリエーション環境の創造が重視され、ウォーターフロント開発の高まりとあいまって、さまざまな親水への取り組みが行われている〈1〉」「公園、河川あるいは町の一部に特別な親水施設をつくる」、「親水公園には二種類あり、河川側からゆとりのある高水敷などを利用して河川公園やプロムナードとするものと都市側から川辺の公園緑地や潮入の名庭などを河川と一体になって景観機能向上をはかるものとがある」のように、「水に親しむ機能

写真 -2　古川親水公園の整備後（筆者撮影）

写真 -1　全国初の親水公園（古川）の整備前の状況（出典：江戸川区土木部）

や施設をもつ公園」といった漠然とした定義となっている〈1〉。

しかし、親水公園の走りとなった古川親水公園（**写真 -2**）は、もともと水遊びの目的でつくられた公園ではなく、これまでにも水に親しむ施設や機能が備えられている公園は何も親水公園ではなくともいくらでもあった。水遊びが目的であればさまざまな遊具・施設を設けた大型プールがあり、観賞を目的としたものであれば、全体のレイアウトの中に水辺を折り混ぜる庭園や、点景として噴水や滝などを挙げることができる。ここで着目すべき点は、河川の第三機能（親水）の実践であり、〝親水公園〟というネーミングの斬新さである。また、一方で「まちづくり」については、一定の地域に住む人々が自分の生活を支え、便利により人間らしく生活していくために〝まち〟をいかにつくるかということであるが、そうした「まちづくり」を更に「親水」に応用し、「親水まちづくり」という言葉を「親水施設（空間）のもつポテンシャルをまちづくりに取り入れた計画および行為」とここであえて定義する。

2　江戸川区の水辺を取り巻く経緯と現状

(1) 江戸川区とは

東京都の東部に位置し、東西約8キロメートル・南北約13キロメートル、面積49・09平方メートル（23区中4番目）、人口68万（23区中4番目）の都市である。区の三面が大河川に囲まれ、さらに区内を貫流する四大河川のため、本区は大きく四区画に分割されている。地形は沖積期に河川が運んできた物質が堆積した東京低地に属し、起伏が少なく、標高AP＋2・5メートルより－1・0メートルのおおむね平坦な低地である。かつて、区域内には中小の水路が縦横に走行し、その延長は430キロメートルに及んでいた（**図－1**）。

東京23区の東端に1932年（昭和7年）、3町5村合併により田園風景豊かな地に、東部を流れる江戸川にちなんで人口10万人の江戸川区が誕生した。

当時、江戸川区の一帯は関東地方の大河・江戸川（古くは利根川の下流太日河）の河口に位置し、豊富な海産物とともに水運・水利に恵まれていた。反面、恒常的な水禍との闘いが不可避な地帯でもあった。

水運・水利の開発、集落の発展はまた、一層の水禍を招き、水禍の克服は地域発展の条件を形成するなど相互的な関係にあった。この点、江戸川区の発展は常に水辺とともにあり、江戸川区の歴史は〝水辺の歴史〟であったといっても過言ではない。

(2) 江戸川区の水辺の歴史

近代初頭の小名木川、新川の舟運は、江戸川区の発展の母体をなすものであった。さらに、近代の各河川の放水路開削は、国の治水事業の決め手として実行され、江戸川区の都市的発展の基礎条

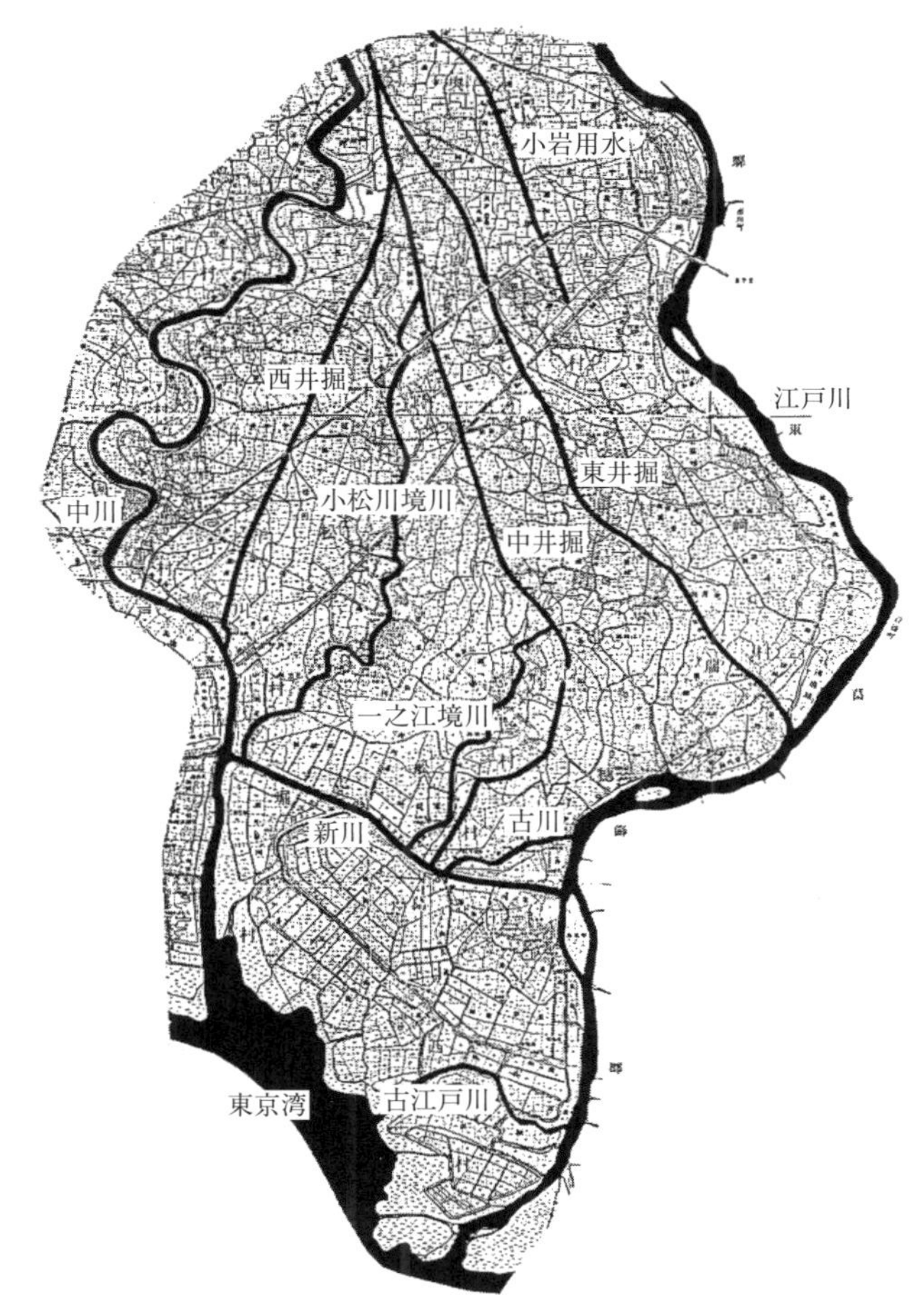

(東京府南葛飾郡全図　明治38年4月)

□ 明治38年の江戸川の河川・用水路

図-1　1900年の江戸川区の河川・用水路

写真-3　1949年のカスリーン台風（出典：江戸川区）

写真-4　1957年の豪雨（出典：江戸川区）

件を形成してきた。

■現代の水の歴史

日本の水の戦後史として、次の三つの時期に区分することができる。第一期は、１９４５年（昭和２０年）から１９５９年（昭和３４年）までの１５年間で、水害対策に追われ通しの苦難の時代（**写真-３、写真-４**）であり、第二期は１９６０年（昭和３５年）から１９７２年（昭和４７年）までの水需要の増大による水不足や水質悪化が目立ち、水資源開発などが重点施策として打ち出された時代であった。また、第三期は１９７３年（昭和４８年）以降で水需要が安定し、水をめぐる人間の意識と対応に新たな展開がみられた時期である。

江戸川区も同じように、第一期は１９４７年（昭和２２年）に発達した大型台風に見舞われ、地盤沈下がこれに拍車をかけ、災害復旧工事に明け暮れる日々が続いた。また、この間の洪水や高潮を契機として過去の治水計画の改定が相次ぎ、この本格的な治水事業が第二期で成果を現し、第三期には環境整備という名のもとに水の復権が始まった。

■市街化の変遷と環境改善

急激な「都市化の時代」を迎え、従来の農村から都市の姿や内容が激変するようになる。新しい都市の時代に応じた生活空間、生活様式、そして人間関係が求められるようになり、新たな「都市の時代」に対応する方法や発想が求められるようになった。

農業地帯として発展してきた江戸川区が、都市化の波にさらされるようになったのは明治時代からであり、とくに急速に都市化が進行したのは、第二次世界大戦後以降で、1955年（昭和30年）頃からドーナツ化現象と呼ばれる人口拡大現象によりピークを迎えた（**写真-5、写真-6**）。

こうして都市化が進む中、農耕地はしだいに住宅地や工場地へと姿を変えていったが、現在の江戸川区の土地利用現況は、住宅地が81・8%、工場地が8・8%、商業地が1・4%となっているのに対し、農用地は6・3%に過ぎない。

数十年前までの江戸川区は、ほとんどが農用地、それも水田で占められており、当時は一般的な農村地域としての自然が広がっていたが、その後の急速な都市化の発展は、水田や畑、樹林地を減少させ、水路を喪失させた。水路の喪失は水面や水辺を減少させた。現在では区内でも自然度の高い植生の地域はごく限られている。

この親水公園に関しては、1970年代以降、全国各地で整備が進められているが、水と緑のア

写真 -5　1945 年ごろの水路
（出典：江戸川区）

写真 -6　1955 年ごろの水路
（出典：江戸川区）

メニティ施設としての機能に加えて市街地環境改善の面で、従来の公園や緑地に増して大きな可能性を発揮されることが期待されてきた。親水公園としては、江戸川区の古川親水公園が１９７３年（昭和４８年）に全国で初めて完成してからすでに４０年が過ぎたが、現在までに親水公園５路線（９６１０メートル）、親水緑道１８路線（１万７６８０メートル）が区内にすでに完成している（図 - 2）。

(3) 親水公園の誕生から現在に至るまで

昭和初期から台地上の零細河川が消えていったのと同じ状況が市街地にも及んだ。その結果、市街地の中小河川が次々に下水道化、あるいは埋め立てられて道路となった。このように本来の役目を終えた河川や水路はその用途を転換せざるをえなかったわけである。東京都２３区全体でも水際延長線の減少が進んだ。とくに中央区では水路の約６割が道路へ転換し、葛飾・江戸川・足立・墨田においても約６割が道路と住宅地へと転換している。

「親水公園」という言葉は、前述の古川親水公園が完成する際

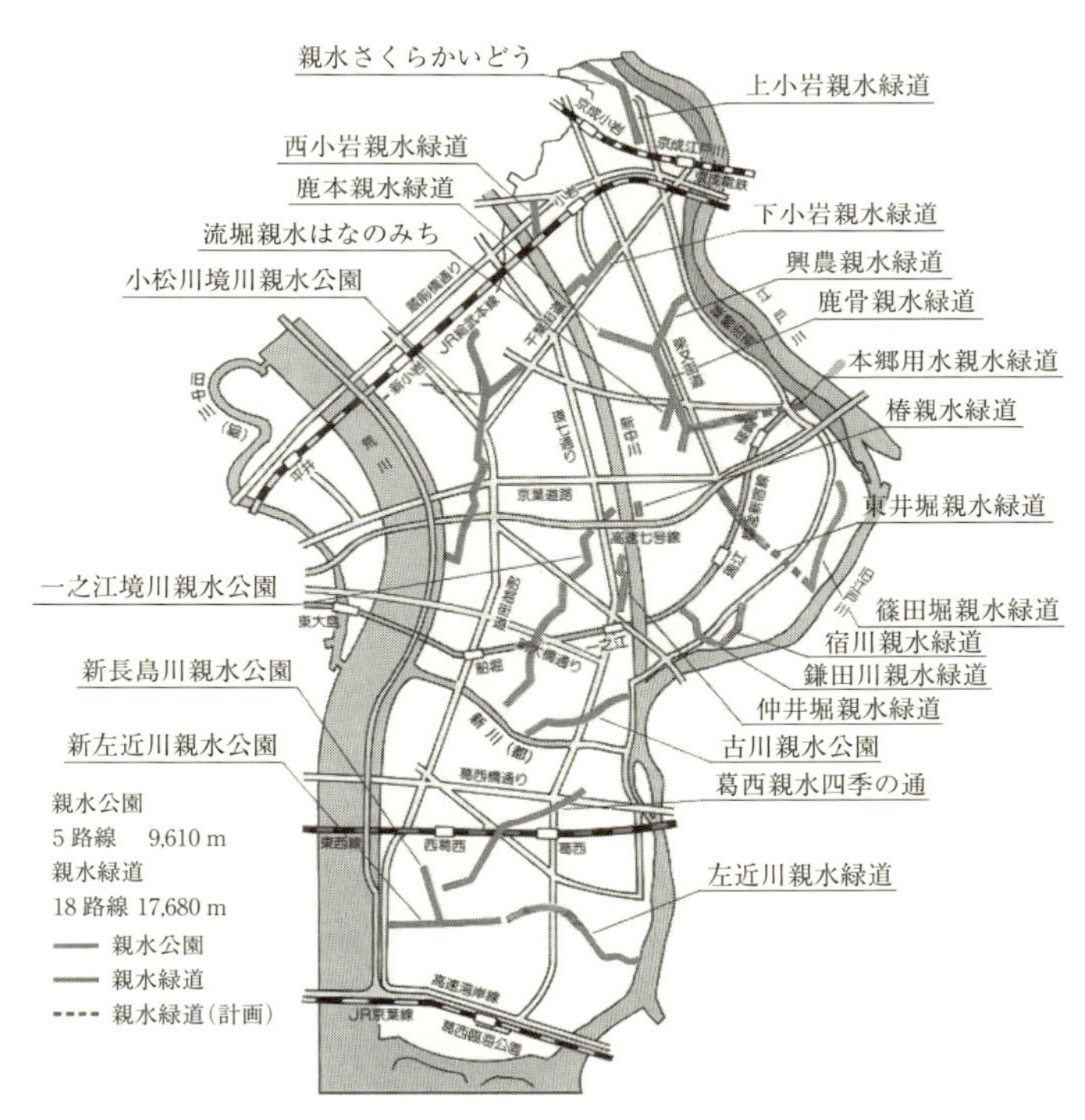

図-2　江戸川区の親水公園・親水緑道の位置（出典：江戸川区）

に初めて使用された。「水に親しむ」ことを全面に押し出し、これが水辺の存在を再認識させるひとつのきっかけとなった。

東京都23区内では、1973年（昭和48年）に古川親水公園が完成したが、1980年代までに16の親水公園（親水という名前を付けている公園）が完成し、その後も増え続けていることは、I編第3章に述べた。それらの公園における一つひとつの内容は、面積や延長・川幅の違い、水に

写真-7　「葛西親水四季の道」（整備前）
（出典：江戸川区）

写真-8　「葛西親水四季の道」（整備後）
（筆者撮影）

触れられるものと触れられないもの、交通の便の良し悪しなど、形態や周辺の環境は実にさまざまであり明確な位置づけはされていないが、最近少しずつではあるが計画や設計に関する理論について整理しようとする動きが出てきている。

江戸川区ではこれまで、江戸川や荒川といった大河川と海に囲まれた自然地理的な特長を活かしながら地域固有のまちづくりを進めてきた。とくに下水道の完成により、その役目を終えた内部河川を環境資源として積極的にとらえることにより、「豊かな水辺の遊水都市」を目指し、魅力あるまちづくりに取り組んできている。

３　親水公園・親水緑道の構造（つくり方）

(1) 人工的な親水施設

今までの江戸川区の親水施設の場合、子どもたちが水の中に入って水遊びができるということを重視し、当初河川水を直接使用していたが、その後、水を浄化しているために、魚が棲めない水質になってしまっている（**写真－９、写真－10**）。その構造は図に示すように水生植物等が育ちにくい石とコンクリートで固められている（**図－３**）。このような人工清流となっている親水施設に対して利用者や周辺住民は、つくられる前に比べて自然に関し「多くなったと感じているがもっと自然を感じられるようにしてもらいたい」という意見があることは今までの調査結果からもわかっている。

(2) 自然的な親水施設

現在、都市においても美しい景観や清流だけでなく、〝自然〟そのものを受け入れるという考え方がある。

こうした背景の中で江戸川区は親水公園や親水緑道の整備方針をできるだけ〝自然〟の生態系にも配慮した〝近自然型〟へと転換した。その新しい方針のもとに１９９４年（平成６年）６月

写真-10　新長島川親水公園（筆者撮影）

写真-9　小松川境川親水公園（筆者撮影）

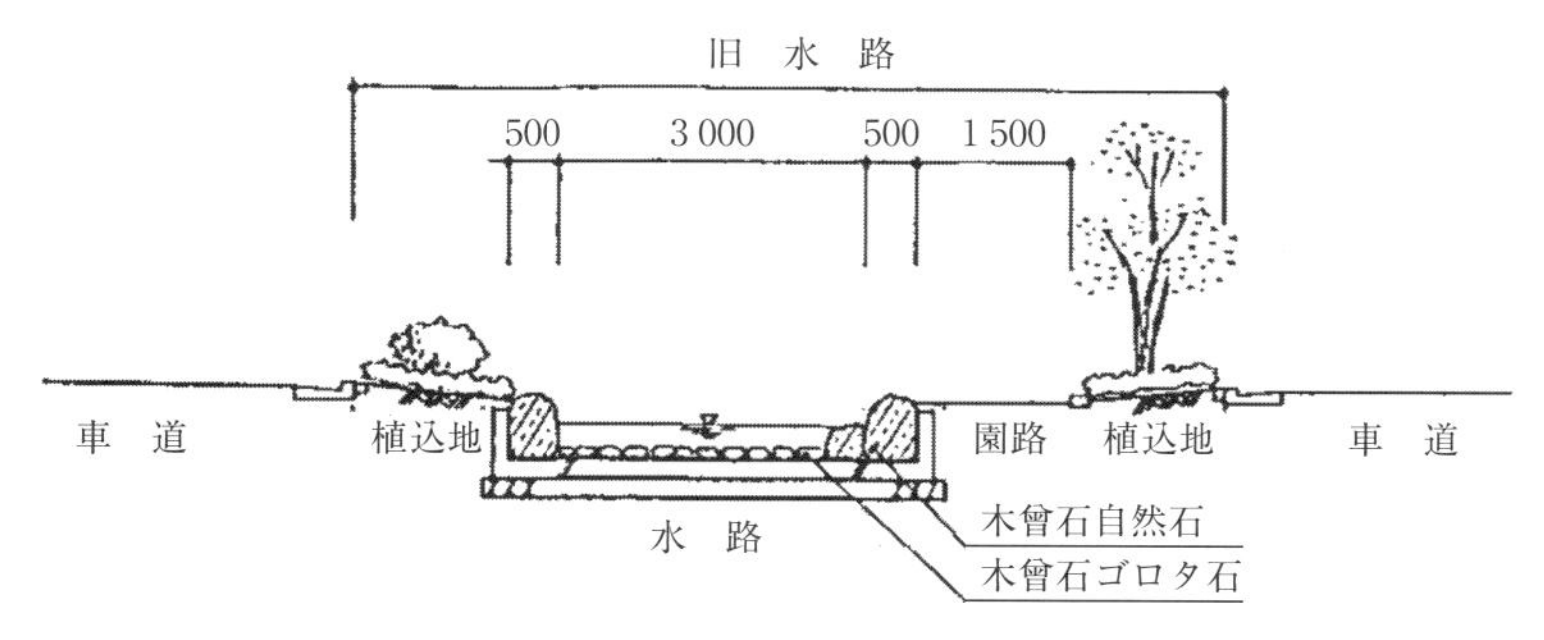

図-3　人工的な親水施設の構造（断面）（出典：江戸川区）

に完成したのが、篠田堀（**写真-27**）と鎌田川の両親水緑道である。ここに流れる水は自然水、川底は砂利、護岸もすき間の多い石積みにしたり、土の岸辺をつくり、藻類やヨシなど水辺の植物が育ち、魚や昆虫の生息しやすい環境となっている（**図-4**）。また、周りにも一部、土の歩道を設けている。こうした工夫で、自然の浄化機能が働き、トンボが飛び交うような水辺ができあがっていくだろう。1996年（平成8年）には一之江境川親水公園が自然的な整備が行われ完成している（**写真-11**）。江戸川区がこれ以降整備した親水施設はすべてこのよう

写真-11　自然育成型親水公園（一之江境川親水公園）（出典：江戸川区）

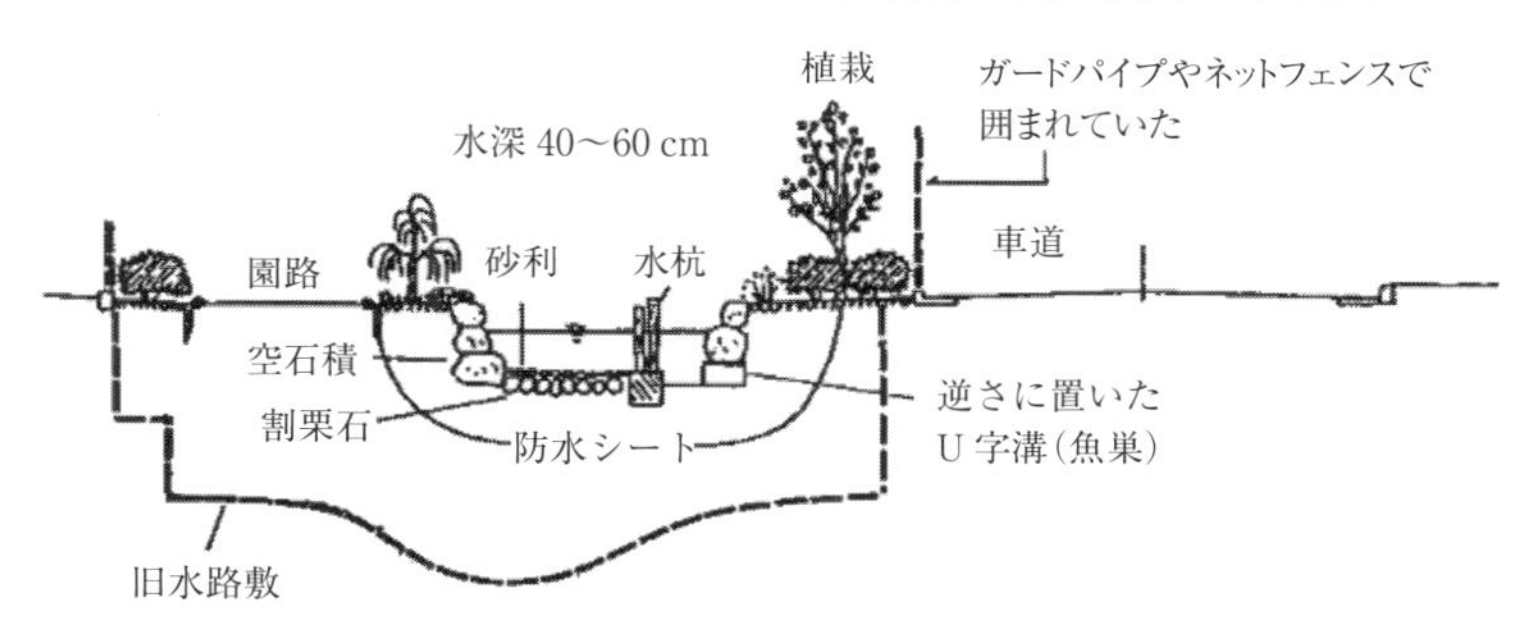

図-4　一之江境川親水公園の構造（断面）（出典：江戸川区）

な考えのもとに計画されている。

4　都市環境における親水空間の役割と効果

親水公園が普及した要因として、親水公園の多面的な特性が考えられる。水辺や緑地などの自然環境が整備されることによる景観や生態系の保全、住民の憩いの場やレクリエーション空間の確保、防災機能、ヒートアイランド現象の軽減による地球温暖化問題に対する貢献など、親水公園は複数の特性をもっている。このような親水公園の多面的な特性がその普及の後押しをしてきた。

ここでは、この親水空間がわれわれの住む都市の環境にどのような影響を与えてきたのかということを中心に、まちづくり計画への展開についてみてみよう。

(1) 親水公園の利用実態

「水」そのものは何ら変哲もないものだが、時間や場所、使い方によってさまざまな形や色、音を含む「空間」をつくる。

親水公園の研究をはじめた頃、まず、この親水公園がどのように使われているのかを知らなければと思い、ある親水公園を春夏秋冬朝早くから夜遅くまで歩いて回ったことを思い出す。そこでは多くの人々がいろいろな使い方をしていた。3キロメートルもある親水公園の隅から隅をジョギングしている人、老人会による体操、地元住民による清掃活動、近所の幼稚園・保育園の散歩コースになっていること、金魚すくい大会など親水公園の使われ方は実に多様であった。とくに夏においては非常に多くの人で賑わっていたのが印象的だ。

一年で最も多くの人々で賑わう夏季における利用のされ方については、江戸川区の古川親水公園(**写真-2**)、小松川境川親水公園(**写真-9**)、新長島川親水公園(**写真-10**)、江東区の横十間川親水公園(**写真-12**)、北区の音無親水公園(**写真-13**)の五つの親水公園を対象に約600人の利用者に対してアンケート調査をしたことがある。

その結果、次のようなことがわかった。①人々によく利用されている親水公園は、水に触れるこ

写真 -13　音無親水公園（北区）
（筆者撮影）

写真 -12　横十間川親水公園（江東区）
（筆者撮影）

とができたり、水際に落ち着く所をつくるなど「水を生かす」工夫をしている。とくに、水が触れられるか否かで利用目的や利用者層の点で親水公園が二分される。水に触れられる公園の場合、利用目的のほとんどが水遊びであり、子どもを連れた家族連れが多い（**写真 - 9**、**写真 - 10**）。水に触れられない公園の場合、横十間川で特性が現れていたように散歩の目的や通過するための利用が多くなる。③親水公園には滞在型と通過型がある。水辺にふくらみがあることで利用者が多く集まり比較的長い時間滞在する。そうでないところは通過型になりやすい（**写真 - 12**）。

都市に住むわれわれ人間は現在、夏季においてはこうしたかたちで親水公園を利用しているわけだが、親水公園を利用することにより「水」を身近に感じ「水」との係わりを深めている。

夏季においては親水公園沿線の住民以外の利用者が非常に多かった。そのために、この調査とは別に周辺住民に対しても同様の調査を行ったことがある。その結果、次のようなことがわかった。①周辺住民は利便性や安らぎの場としての役割に好感をもち、身近に存在する親水公園の価値を高く評価している。②自然の豊富な公園としての満足をしてはいるものの、生活に結びついていることから、不衛生・治安の悪さ・危険等に敏感であり、その解決を望んでいる。③周辺住民は夏季だけでなく一年中さまざまな行事を通して親水公園を利用している。④周辺住民は親水公園ができることにより「町の美観が良くなった」、「町全体のイメージアップになった」というように好感をもっている人が多い。

(2) 土地利用と建物計画に及ぼした影響

■土地利用

１９２０年代中頃から零細河川が消えていったのと同じ状況が市街地にも及んだ。その結果、市街地の中小河川が次々に都市化によって排水路となり、あるいは埋め立てられて道路となった。旧来の役目を終えた河川や水路は、そのあり方が問われることとなった。東京都２３区全体でも水際線延長の減少が進んだ。とくに中央区では水路の約６割が道路へ転換し、葛飾・江戸川・足立・墨田においても約６割が道路や住宅地へと転換している。

東京における〝水際に建つシンボリックな建物〟としては、１９２０年代に建てられた邦楽座や朝日新聞社など数寄屋橋周辺の建物が有名である。そこまでダイナミックにいかないまでも、親水公園の周辺を歩いていると建物に関しいろいろと面白いことに気づく。明らかに公園と一体感をもたせようとした建物の計画や「……マンション親水公園」といった名前の建物の存在など、建物は親水公園に「顔」を向けている。

建物への影響を調べるにあたり周辺の土地利用がどのように変わったのかを知る必要がある。今のところ親水空間をつくることに伴う周辺の用途地域等の見直しは行われていないが、周辺の土地利用には明らかに変化が起きていることに気づく。小松川境川親水公園周辺の場合、1984年（昭和59年）に公園が完成する前後の土地利用を調べてみると、工場の数が減少し、その代わりに集合住宅が多く建てられるようになったことが確認できるし、1996年（平成8年）に完成した一之江境川親水公園周辺においてもすでに集合住宅建設のほか戸建て住宅開発がみられる。

また、それら集合住宅に親水公園を意識した名前をつけるなど親水公園をステータスシンボルとした建物が多く出現している。親水公園には近くに住んでみたいという人を引きつける魅力がある（**写真－14**）。

■建物計画

周辺に建てられた建物も、公共建築物の計画においては入口部を親水公園と一体化した計画にするなど、親水公園を積極的に利用している例や親水公園側に入口や景観を楽しめる窓を設けるなど工夫している店舗が出現している（**写真－15**、**写真－16**）。

また、一般の住宅においても親水公園ができる前は川面に背を向けていたものが、公園ができ

写真 -14　親水公園沿線に建つ共同住宅（小松川境川親水公園）（筆者撮影）

写真 -15　親水公園側に居室・玄関を設けた住宅（小松川境川親水公園）（筆者撮影）

写真 -16　親水緑道側に窓・ベンチを設けた店舗（篠田堀親水緑道）（筆者撮影）

写真 -17　親水公園側に開口部を設けた住宅（一之江境川親水公園）（筆者撮影）

ることにより公園面に玄関や居室の窓を設けるといった例もある（**写真－17**）。実際に古川親水公園で沿線の住宅地に対して調査を行ったところ、増改築した際に親水公園の景観を意識的にプランに取り入れていた例がいくつもみられている。

まさに親水公園ができることにより周辺の人々は「甦った水」へ顔を向けるようになったということがいえる。

(3) 環境教育の場としての役割

江戸川区の場合、当初は人

写真 -18　自然観察会（一之江境川親水公園）
（出典：江戸川区）

写真 -19　憩いの空間としての親水公園
（一之江境川親水公園）
（出典：江戸川区）

工的なつくりの親水公園であった。しかし、1996年（平成8年）に完成した一之江境川親水公園が区内では初めて、人工的なつくりから自然的なつくりへと方向を転換している（**写真-18**、**写真-19**）。また、このような自然が育まれている身近な親水施設（親水公園や親水緑道）は小中学校の学校教材としての活用が期待されるようになってきている。

例えば、一之江境川親水公園や左近川親水緑道・篠田堀親水緑道などでは、自然観察会が毎年行われており、身近な生態系の勉強材料に最適であることが確認できた。その結果、その他の親水施設でも水質調査や総合学習などで盛んに用いられるようになってきている。行政としても、①年間（四季）を通じ継続調査することにより体系的な研究を目指す②「総合的な学習の時間」で各学校での活用を推進する③郷土愛の育成につなげるということを方針として明確に位置付けるようになってきている。

こうしたことからも、親水空間が地元に根付き教育の面でも役にたっていることがわかる。

(4) 防災上の役割

阪神淡路大震災以降、その被害の大きさから防災についてはさまざまな角度から議論されている。江戸川区の場合には現在、親水公園としては人工的なものが4路線と自然的なものが1路線あるが、それらは流量と火災時に親水公園から水がとれるように消防枡が設置されている。人工的な親水公園は水深0・2メートルであるため、消防枡を設置しなければならないが、自然的につくられた親水公園では、水深0・6メートルあるため消防枡は不要となっている。

また、親水公園の緑地幅員と道路幅は延焼遮断帯としての機能を果たすものと考えられる。緑による防火帯機能としても平均で10メートルの樹高があり、常緑樹の比率も6割強となっているため、その役割が期待されている。その他にも親水公園は一般的に線的に細長いという特性をもっているために、一時避難広場としての機能以外にも、点と点を結ぶ避難通路としても有効となる。

このように、親水公園には防災上大きな役割を果たす潜在的な機能はあるものの、いずれの親水公園も今のところさまざまな角度から災害を想定した十分な設計とはなっていないのが現状である。

今後の課題として、①災害のパターンを想定し親水公園が果たせる機能を再確認する②停電時ポンプ作動不能になることへの具体的な対応について、非常用発電機を設置することなど現在わかっている問題を早急に解決する③親水公園、親水緑道の更なるネットワーク化を図るというようなことが挙げられる。これらの課題を解決していくことにより、防災としての機能の拡大が期待される。

(5) 健康増進としての役割

親水公園・親水緑道の利用状況をみるときに、朝晩ジョギングをしている光景をよく見かける。

江戸川区では、「歩いて楽しめる水と緑の道づくり」、「手軽な健康増進のためのしくみづくり」を実施計画において位置づけ、「健康の道」の整備を行っている。これは、健康増進を目的に江戸川や新中川の堤防上や親水公園・親水緑道などを「健康の道」として整備し、ウォーキングしやすい環境づくりを行うものである。実際にソーラー灯や距離表示、健康サインなどを設置し、散策な

写真 -20 「健康の道」サイン -1
（筆者撮影）

写真 -21 「健康の道」（新中川）
（出展：江戸川区）

写真 -22 「健康の道」サイン -2
（鹿骨親水緑道）（筆者撮影）

どを楽しめるように整備されており、利用者にとって健康増進のための助けとなっている（**写真－20～写真－22**）。

5　良好な親水空間をつくるための規制・誘導

私たちの生活する都市は、建物や道路、橋、水、緑などさまざまな要素から成り立っており、また、人々の活動の場ともなっている。そうした都市における景観とは、このような外部空間の見え方であるとともに、多くの人々が視覚的に共有する空間である。その中にあって水辺もまた人々に憩いと安らぎを与えている。

都市景観の美しさについては、その時代やそのときを生きている人、また地域によっても異なる。現在の日本の都市景観については、それぞれの建物・構造物として立派でも、周辺施設や周辺環境との調和や統一性の欠如、また、林立する電柱や屋外広告物など、無秩序に形成されているというのが一般的な見方である。

都市景観は、きわめて地域的な固有性をもっているものであり、建築物や街並み、あるいは道路といった物的なものだけでなく、歴史や伝統、人間関係や生活様式、空間の構成状況などを中心に都市空間にゆとりと文化を生み出す。それは、そこに住む人と風景との関わりの中から生まれてくるからである。

近年、景観に対する社会的な高まりがみられ、全国の自治体で景観条例や景観施策の取り組みが始まっている。しかし、市街地における建物高さを巡るマンション紛争が各地で頻発しており、条例などによる誘導だけでなく、都市計画による建築物等の規制が求められている。

そうした中にあって、国土交通省は２００４年（平成１６年）に「景観法」を制定した。そこでは、「良好な景観を現在及び将来の国民共有の資産」の基本理念のもとに、国民や自治体、事業者は良好な景観を形成するよう努めるとしている。この法律のもとに、景観計画、景観区域の指定により建築物や街並みの保全・形成を、さらに今までの観光地が中心の美観地区とは異なり、市街地の良好な景観を図ることを目的として景観地区を指定することができるようになり、都市計画法や建築基準法とは異なった「景観」の観点からの高さや形態・色彩を統一できることとなった。

景観形成を目的とした建築物の規制をしている都市計画の現状をみると、松本市などにみられる歴史的建造物や街並みなど歴史的シンボルや山並みや海などの全市的な自然シンボルを活かした眺望保全のための高度地区の指定や、京都市などにおける景観地区（旧美観地区）の指定などがあるが、より具体的な街並みの景観形成を行うためには、詳細な規制の設定が必要となる。

それが可能な地区計画の現状は、新市街地開発や再開発など新しい街並みを形成する際に指定する事例や、もともと建築協定を実施している地区で地区計画へ移行する事例があるが、既成市街地において、景観形成を目的に建築物の規制を新規に設け、実施している事例は少ないのが現状である。

それは、歴史的シンボルや全市的な自然シンボルがとくにはなく、現状でさまざまな工法、形状、色などをもつ建築物が存在する既成市街地では、住民で共有できる景観価値が見い出しにくく、建築物の規制をする合意形成が難しいという認識があるためだと考えられる。そのため、既成市街地でまとまりのある街並みを実現するためには景観形成と住民合意が両立する規制内容が求められる。

住民の共有できる景観価値に関し、水と緑を活かした建築物の規制を実施している地区計画の事例として、渋谷区表参道地区におけるケヤキ並木を活かした商業地での事例や、国立市中三丁目地区における駅前からのシンボルロードである大学通りの並木を活かした文化施設が集積する住宅地など、近隣住民以外の人々が多く訪れる特殊性の高い地域の事例はあるが、江戸川区の場合には、親水施設を活用して一般の既成市街地において、地区計画や景観地区によって水と緑を活かした建築物の規制・誘導を実施している。

6　親水空間とコミュニティ形成

（1）親水公園を中心に形成されたコミュニティ

以前、ある新聞に「親水公園に幼魚1万匹放流、山古志村（新潟県）と江戸川区を結ぶ〝コイの懸け橋〟」という記事があった。これは一人の区民が「親水公園に魚をたくさん放流し、子どもた

写真 -23　花見の風景（小松川境川親水公園）（筆者撮影）

写真 -24　愛する会による清掃活動（一之江境川親水公園）（出展：江戸川区）

ちにたっぷり楽しんでもらう方法はないか」と考えた末の行為である。記事の中ではさらに「近くの子どもが水中を指さして〝金魚だ！〟といい、母親が〝コイよ〟と教えている姿を見て本当に良かったと思う。」とあったが、私はここで「そこに住む人の自らの行動により周囲に〝会話〟が生まれる」というところにコミュニティ形成の原点を見たような気がした。

区役所の事務事業や周辺住民に対する調査をしたところ、親水公園では花見や清掃活動など実にたくさんの行事が行われていることがわかった（**写真－23、写真－24**）。そもそもコミュニティ（community）とは、一般的には地域共同体または地域共同社会と訳されているが、とくに行政の分野においては、都市化の進展に伴う伝統的な地域共同体の消滅により発生したさまざまな問題を解決するために、新しい形の地域社会の形成を志向する際に使われている。

そもそもこの言葉は、アメリカのR・M・マッキーバーが「一定地域の中で行われる共同生活」としてとらえ最初に用いているが、日本においては、国民生活審議会が１９６９年（昭和

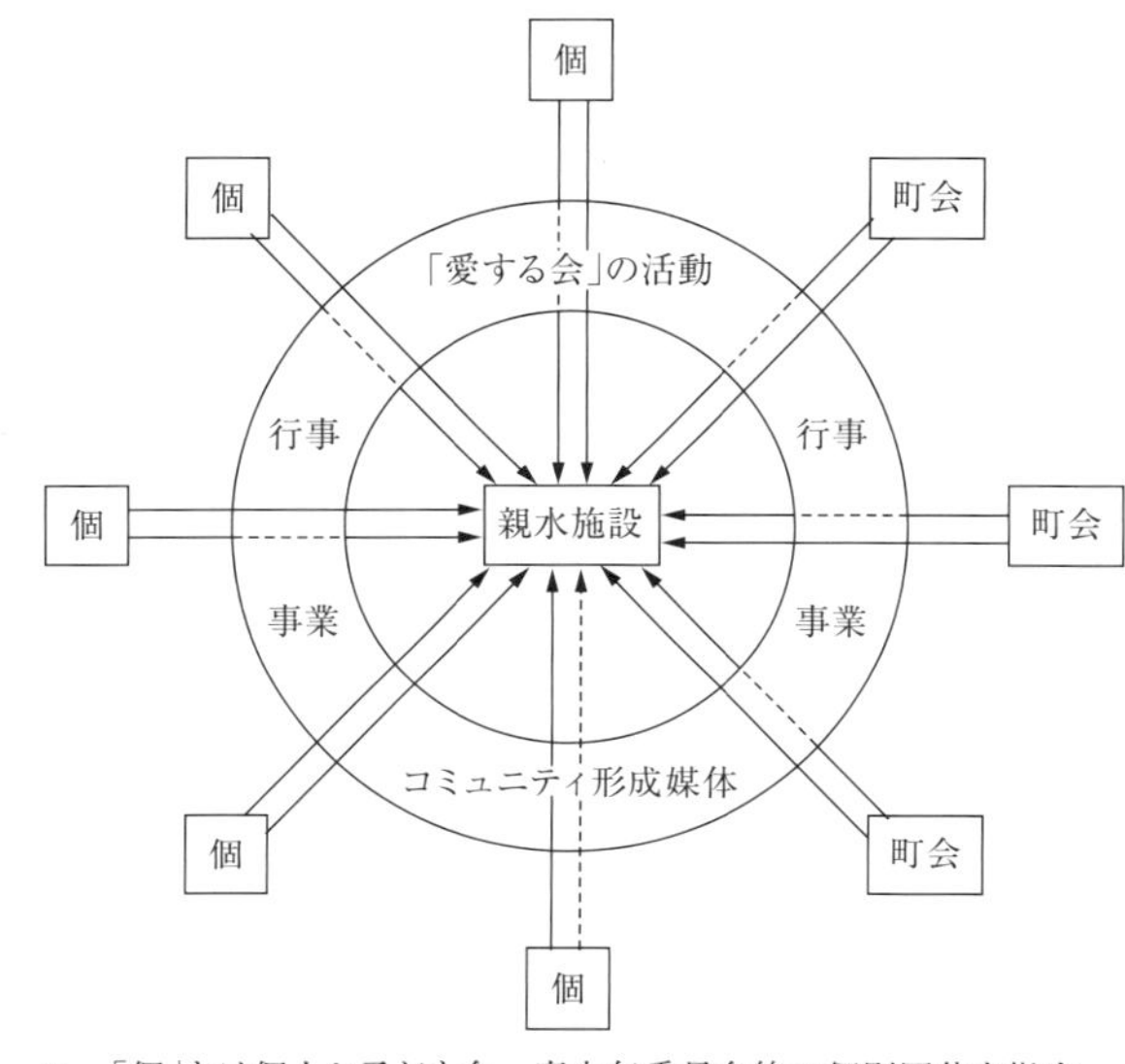

＊　「個」とは個人や子ども会・青少年委員会等の個別団体を指す。

図-5　親水公園を中心としたコミュニティ形成〈22〉（筆者作成）

44年）に発表した「コミュニティ―生活の場における人間性の回復」という報告によってその位置づけが最初になされた。

都市計画の分野では、主として、住民相互の協力と連帯による地域のまちづくり事業や身近な生活環境施設の整備事業などに使われることが多いが、公園や水辺などの施設を中心としたコミュニティ形成に関する見方もされることが多くなっている。

江戸川区では、1973年（昭和48年）に全国で最初の事例となる親水公園（古川）を整備して以来、整備事業が展開されてきたが、整備されることによってどの親水公園でも良好なコミュニティが育まれていることがわかる（**図-5**）。

江戸川区において行政の事務事業報告や周辺住民に対する調査をした結果、親水公園では実際に

写真-25　「愛する会」清掃活動
（小松川境川親水公園）
（出展：江戸川区）

写真-26　金魚すくい大会（古川親水公園）
（出展：江戸川区）

花見をはじめ、町会による盆踊りやラジオ体操、愛する会による金魚すくい大会や清掃活動など実にたくさんの行事が行われていることがわかった。

そこにおいてコミュニティ形成という点でわかったことの一つとして、親水公園ができることにより、それぞれの公園ごとに「愛する会」的な住民組織ができているということがある。

具体的には「小松川境川親水公園を愛する会」、「古川を愛する会」、「葛西『四季の道』『新長島川』・水と緑に親しむ会」、「一之江境川親水公園を愛する会」といったようなものである。これらは親水公園を通して「清掃活動」（**写真－25**）や「金魚すくい大会」（**写真－26**）などの活動を実に精力的に行い、住民同士が町会の枠を越えた横のつながりをもつというコミュニティの形成に役立っている（注1）。

とくに、周辺住民が「清掃活動」や「金魚すくい大会」、「自然観察会」（**写真－28**）（注4）など親水公園を中心とした活動に参加することにより、住民の間に「皆で親水公園を守っ

写真-27　自然育成型親水公園として整備された篠田堀親水緑道（出典：江戸川区）

写真-28　自然観察会（一之江境川親水公園）（出典：江戸川区）

ていこう」、「子どもたちに川の大切さを語り継いでいこう」という一致した心をもたせることができたという点に大きな価値がある。

また、親水公園が防災において非常に大きな効果があることが考えられることからも、今後さらに防災コミュニティへの応用を検討することも必要である。

(2) 自然育成型親水公園における環境教育を中心としたコミュニティ形成

江戸川区の場合には、親水公園を整備しはじめたころから、そのつくりを人工的なものとしていたが、1996年（平成8年）に完成した一之江境川親水公園（**写真-11**）では区内で初めて人工的なつくりから生物が住むことができるように自然的なつくりへと方向を転換している〈6〉。また、このような自然が育まれている身近な親水施設（親水公園や親水緑道）では、地元住民による自然観察会（**写真-18**）や小中学校の学校教材としての活用（**写真-28**）を通して大きく期待されている。

例えば、一之江境川親水公園や左近川親水緑道・篠田堀親水緑道（**写真－27**）等では、自然観察会が毎年行われており、身近な生態系の勉強材料に最適であることが確認できた。その結果、その他の親水施設でも水質調査や総合学習などで盛んに利用されるようになってきている。

行政も、①年間（四季）を通じ継続調査することにより体系的な研究を目指す②２００２年度（平成１４年度）より導入した「総合的な学習の時間」において、各学校での活用を推進する③郷土愛の育成につなげる、ということを方針として明確に位置付けるようになった。

これらのことを通しても、親水空間が地元に根付き教育の面でも役立っていることがわかる。

7　多様な生態系を育む親水公園

（1）自然育成型親水施設への転換

全国で初めてつくられた古川親水公園のつくりはコンクリート張りの生物が棲めない人工的なものであった。

今日、都市における新たな試みとして、失われた自然を身近に呼び戻し、ふれあう場としての緑の空間づくりが進められている。自然育成型親水施設（注２）の一之江境川親水公園が、このような時代のニーズを受けてつくられたが、この整備にあたっては、自然の育成を目指していることがあり、護岸には空石積や木杭を用いたり、川床は砂利敷にするなど、生物の生息しやすい水辺づくりを意識している。

自然の育成を目指したこの親水公園は、全線が完成した１９９６年度（平成8年度）より具体的に生息する生き物について調査を始めている。この調査により、魚・昆虫・野鳥等多くの生き物の生息が確認されており、これらの自然とふれあう多くの人々からも喜びの声が聞かれている。

その反面、一度身近から失われた自然の回復は、同時に市街地であるが故の「雑草の取扱い」等いくつかの問題点も提起している。それは、都市化された中での自然と人間との共生を実現していく上で、避けては通れない問題でもある。

生態系については開園以来、毎年生息調査を行っているが、１０年を経過してそれらの調査から強く読み取れるものは、①水質変化・天候状態の自然要因等により、年度によって確認された生物の種類にばらつきがある②両生類が減少している③常に外来種の脅威にさらされている（確認された生物種の約１２％が外来種）④アクシデント的に確認された生物もいる⑤温暖化の影響とも考えられる現象がある、ということが報告されている。

(2) 生物の生息状況

一之江境川親水公園では、１９９６年度（平成8年度）より毎年、江戸川区環境促進事業団が生物調査を実施しているが（注3）、この調査は、一之江境川親水公園内に生息している生物を確認するとともに、より多くの生物が棲める環境を創造、または維持するための基礎資料を得ることを目的としている（注４）。

生物調査において、１０年を経過した２００６年（平成１８年）までに一之江境川親水公園で確認された生物は、魚類３４種、甲殻類２１種、昆虫類１５１種、クモ類１４種、貝類１３種、両生類５種、爬虫類６種、鳥類３８種、哺乳類３種、その他草本・木本類１１５種が確認された（注５）。

自然育成型についていては、単につくるだけでなく啓発していくことが大切である。一之江境川親水公園の場合も、自然に親しむきっかけづくり等の目的で、自然観察会・講演会の実施、写真・パネルの展示等の啓発事業を展開している。また、「一之江境川親水公園に生息する生物」や「自然観察のしかた」を紹介した小冊子「身近な自然観察～一之江境川親水公園のいきもの達～」や最近では「一之江境川親水公園生き物たんけんハンドブック（２００６・４）」を作成し、自然観察会、講演会、地元行事の際に配布している。

開園以来行ってきた調査では単に生物の生息を確認するというだけでなく、自然と人間とがいかにうまく共生していけるのかということをも探っている。そのための手法についても同時に模索しているところである。

すでにつくられている親水公園の改修も含め、これからはますます、自然育成型親水施設のような空間が都市部においては増加していくことが予想されるが、今後、それらが抱えている問題・課題への対応策が求められようになってくる。

【補注】

（注1）町会、自治会、子供会、くすのきクラブ等計54団体が加入している。

（注2）「多自然型」と呼ばれることもあり、「河川本来の姿である多様な生息環境としての場を保全・創出し、あわせて地域景観を創出していこうとする理念と具体的方法」と定義されるが（三船康道＋まちづくりコラボレーション、「まちづくりキーワード事典」学芸出版社、1997・3、198頁）、江戸川区では「自然育成型」と呼んでいる。

（注3）生物調査は平成9年より行われている。

（注4）江戸川区環境促進事業団施設課が調査機関となり、調査協力を現地調査においてナチュラリストの佐々木洋事務所佐々木洋氏、写真家の水晶亭文太氏、写真による種の同定を市川市立市川自然博物館の学芸員金子謙一氏にお願いしている。

（注5）生物調査を開始した平成8年6月以降には、本公園における行政による魚類等の生物の放流は一切していない。

◎参考・引用文献

〈1〉東京都：「東京都都市計画用語集 '92」、1992・12
〈2〉上山肇：「水と暮らす―親水公園が果たした役割―」、季刊「行政管理」、通巻382号第46巻第3号、21～28頁、1995・12
〈3〉田村明：「まちづくりの発想」、岩波新書、1987・12
〈4〉田村明：「まちづくりの実践」、岩波新書、1999・5
〈5〉都市計画用語研究会：「三訂都市計画用語辞典」、ぎょうせい、2004・9
〈6〉日本建築学会編：「親水工学試論」、信山社サイテック、2002・6
〈7〉江戸川区土木部：水害の脅威から遊水都市まで―江戸川区の水辺の記録―
〈8〉上山肇：親水公園の都市計画的位置づけに関する研究―東京都江戸川区を中心事例として―、学位論文、1995・1
〈9〉若山治憲・上山肇・北原理雄：「人工的な親水施設と自然的な親水施設―江戸川区の親水事業の転換」、日本建築学会大会学術講演梗概集、257～258頁、1994・9

〈10〉江戸川区環境促進事業団：「一之江境川親水公園生物調査報告書」、２００６・３
〈11〉上山肇、北原理雄：親水公園の周辺土地利用と建築設計に及ぼす影響、日本都市計画学会学術研究論文集、３６１〜３６６頁、１９９４・１１
〈12〉上山肇、北原理雄：親水公園の周辺環境に関する研究―親水公園が住宅の増改築に与えた影響―、日本建築学会学術講演梗概集、２５９〜２６０頁、１９９４・９
〈13〉上山肇、若山治憲、北原理雄：親水公園の周辺環境に関する研究―親水公園が周辺住民のコミュニティ形成に与える影響―、日本建築学会計画系論文集、№４６５、１０５〜１１４頁、１９９４・１１
〈14〉リバーフロント整備センター：荒川将来像計画、１９９６・６
〈15〉住宅・都市整備公団土地有効利用本部：江戸川区における街づくり検討基礎調査、１９９９・３
〈16〉国土交通省荒川下流河川事務所：グラフ・スーパー堤防
〈17〉江戸川区：船堀駅周辺地区まちづくり推進計画、１９９７・１
〈18〉江戸川区：江戸川区街づくり基本プラン、１９９９・２
〈19〉江戸川区区政情報室：「江戸川区（Edogawa City）」、１９９９・６
〈20〉江戸川区：江戸川区水と緑の行動指針、２００２・５
〈21〉上山肇：親水公園を活かした景観まちづくり、新都市、３０〜３７頁、２００５・５
〈22〉日本建築学会編：水辺のまちづくり―住民参加の親水デザイン―、技報堂出版、２００８・９
〈23〉紀谷文樹監修：水環境ハンドブック―「水」をめぐる都市・建築・施設・設備のすべてがわかる本―、オーム社、４４２〜４４７頁、２０１１・１１

第5章 親水空間と政策

キーワード：親水空間　親水計画　都市マスタープラン　景観計画

1 親水計画の歴史（計画史）

終戦から高度成長期にかけ、都市は無秩序に拡大してきたが、今までの地域づくりは、計画の具体性のなさ、ハード一点張りの重視、行政と住民との連携不足など、さまざまな問題を抱えていた。そうした状況の中で親水公園の整備は、都市において新しい魅力を生み出す取り組みとなった。本章では、その計画の歴史から振り返る。

江戸川区において、かつて430キロメートルあった水路は、上昇する下水道の普及率に反比例して減少の一途を辿ることになる。

そして、治水機能を下水道に委ねた水路は、不用河川という汚名を着せられたが、実際は不要河川であって、親水公園や親水緑道として、その一部が見事によみがえり、他の大部分も緑道や歩道など、重要かつ莫大な財産として、まちのアメニティの根幹を形成することになる。

しばらくして用地確保の見通しがついた1971年（昭和46年）に、「内河川整備計画」として、初めて江戸川区は「親水計画」を策定する。1972年（昭和47年）の夏には、「親水計画」、同時に「古川親水公園基本計画」が策定された。同年9月、古川親水公園の事業費を補正予算に計上し、ただちに実施計画に入り、工事着手した。こうして1973年（昭和48年）7月、古川親水公園の上流部にきれいな水が流れた。この間わずか1年であった。

参考までに江戸川区の基本計画の歴史を振り返ると、1966年（昭和41年）に急激な都市化に対応するため、道路交通を主体としたフィジカルプランとして「江戸川区総合開発基本計画」が策定された。その後1970年（昭和45年）に、この計画を見直し、生活優先の原則を根底に据え、サブタイトルに「太陽と緑の人間都市構想」を掲げた「江戸川区長期総合計画」に改定された。

これらの計画は、「雨が降れば水浸し」といった区民の悲痛な声が沸く劣悪な地域を、区の中部・東部の一部と新川以南の大部分に当たる土地区画整理事業をはじめ、地下鉄10号線の建設、環状7号線などの幹線道路が整備された。

その後1986（昭和61年）年に「江戸川区長期計画」が策定されており、最近では1999年（平成11年）に都市マスタープラン、2001年（平成13年）に水と緑の行動指針を策定し、水と緑のネットワークを体系的に位置づけるとともに、区民と行政との多様な取り組みにより実効性のあるものへと展開している。

2　まちづくり計画への展開

(1) 親水施設（空間）の都市計画的位置づけ

これらの親水施設が完成してから今に至るまで、周辺の都市環境にどのような影響を与えてきたのかということについては、第4章で述べた。

総じて親水施設（空間）がその周辺環境に及ぼしてきた影響をみるときに、親水公園に代表される親水施設（空間）を都市計画的にみて、①人をひきつける要素と線的な特徴をもつ形態が土地利用において大きなポテンシャルをもつ施設、②市街地整備においては戦略的な土地利用誘導要素となり得る施設、③コミュニティ形成の要素としても地域住民による積極的な利用を促進するポテンシャルを発揮できる施設、として位置づけることができると考えられる。

(2) 都市マスタープラン

1990年代に入ってからは、従来はハード重視であった都市計画に対し、市民参加を求めるなど、ソフトを含むトータルなまちづくりが求められるようになってきた。

これまで整備されてきた親水公園が都市環境に効果をもたらしてきたことから、親水空間は都市・

緑・住宅等のマスタープラン、また再開発事業や土地区画整理事業、さらには地区計画などの地区まちづくりの計画を策定する上においても有効な手段となる。

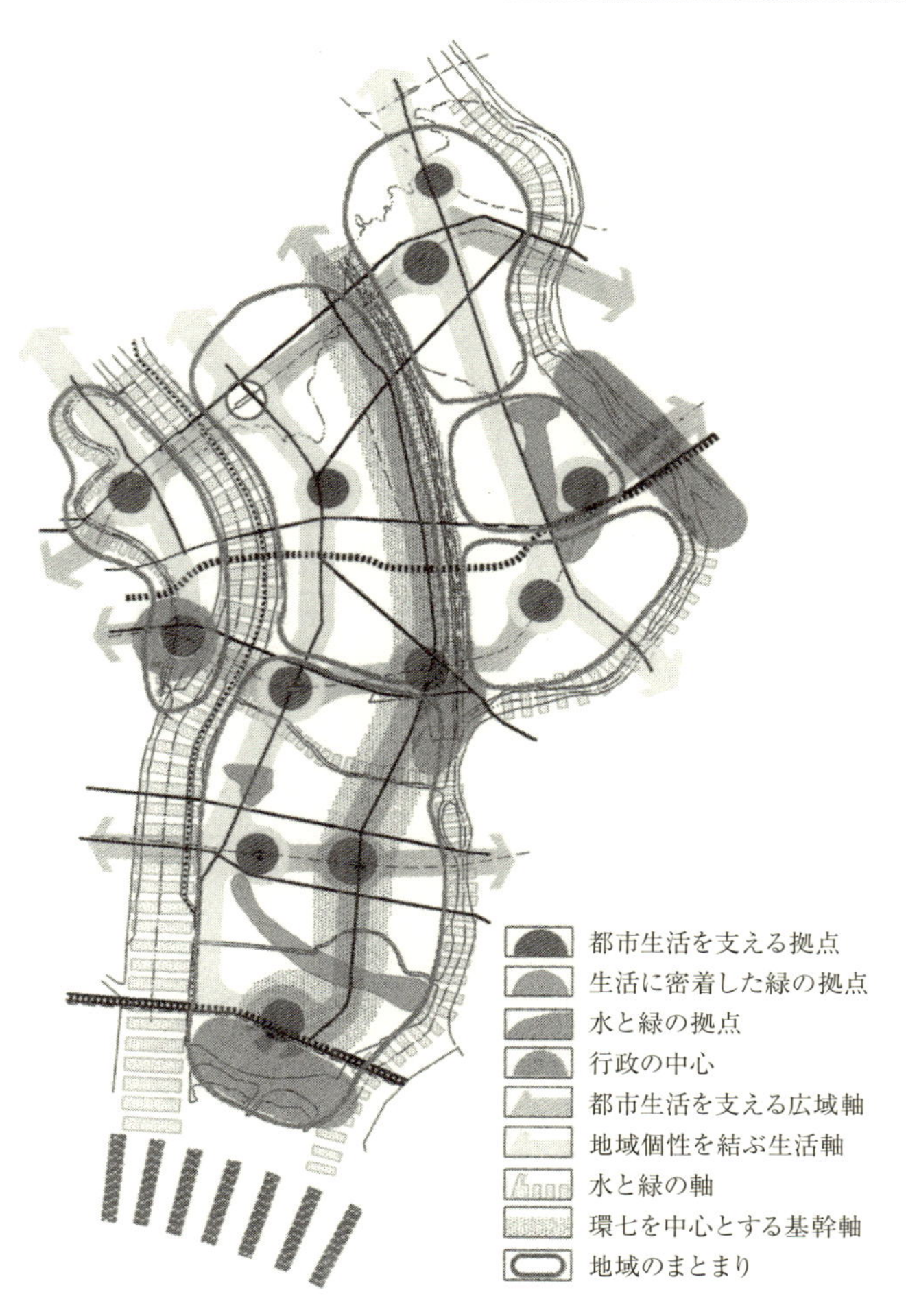

図 -1　江戸川区の都市構造
（出典：江戸川区街づくり基本プラン、p.16、江戸川区）

それでは、いったい親水空間のもつ魅力や機能をまちづくり計画にどのように活かすことができるのだろう。親水空間を都市計画的に位置づける一つの手段として都市マスタープランがあるが、江戸川区を事例としてその策定過程をみてみよう。

江戸川区では親水公園の実績をふまえ、都市マスタープランがつくられている（江戸川区、1999）。大きく全体構想と地域別構想に分けられるが、それぞれにおいて親水空間がまちづくりに貢献している。

■全体構想

将来の都市像においては、「豊かな水と緑の『快適環境都市』」で「……江戸川や荒川等の大河川の存在とともに小河川や水路の多くが親水公園・緑道に生まれ変わり、水と緑の豊かな環境をつくり出している。……」と表現するなどして、親水空間のまちづくりにおける役割について認識するとともに、それを受けた「水と緑の基本方針」では、①水と親しめる緑豊かな連続したアメニティ空間を形成する、②水と緑豊かな環境と地域の資源を活かしながら、江戸川区らしさ、地域の特色を活かした景観を形成する、③延焼遮断帯や消火等の防災機能を向上させる水と緑の空間を形成する、④豊かな水辺を活かした市街地環境づくりと安全性の高い河川づくりを進める、⑤水と緑の環境づくりを通じて、活発なコミュニティ活動を支える住民主体のまちづくりをすすめる、というように基本的な考え方を示している。

■地域別構想

全体構想を受け、地域別構想ではさらに具体的に整備方針を立てている。小松川・平井地区を例にとると、ここでは、当時担当者として町を隅々までくまなく歩き回り、「ひらい・こまつがわの〝道しるべ〟」なるものをつくりながら個別に具体的な問題を抽出した。

その結果、地域の目標を「水辺豊かな、温もりのある街」とし、将来像の中に「親水空間に囲まれた水と緑の豊かな街の形成」として親水空間を盛り込んだ。

このように、親水空間が都市マスタープラン等のまちづくりに関する計画をつくる上においても大きな手段となることがわかる。今後、これらの計画がいかに実現したのかという、その実効性について評価していく必要性がある。

3　〝まちの顔〟となる〝親水〟―親水公園を活かした景観まちづくり―

「計画的な都市」とは、全体のバランスや将来の方向・問題点などを考慮してルールをつくり、必要なコントロールを行い、また、事前に施設を整備したり、土地を確保しておく「都市」を指す。わが国ではこのようなまちづくり計画がきちんと行われてこなかった。

景観に関しては２００４年（平成１６年）に景観法が施行されたが、その基本理念は美しく風格ある国土の形成と潤いのある豊かな生活環境の創造とされている。また、景観法において良好な景観とは、地域の自然、歴史、文化、人々の生活等の地域固有の特性と密接に関連すると位置づけ、各自治体が独自の景観計画を定め、その地域の個性および特徴を伸ばすための、景観まちづくりを進めることとしている。

江戸川区では景観計画に先駆け２００６年（平成１８年）に全国初となる景観地区（一之江境川親水公園沿線地区）を指定している。その後、この景観計画の策定に向け、２００８年度（平成２０年度）より「江戸川区景観計画策定委員会」および「景観まちづくりワークショップ」を開催し、区民、事業者、学識経験者、区職員など、それぞれの立場から景観のあり方について考え、景観計画の策定作業を進めてきた。

（1）江戸川区景観計画策定の背景と位置づけ

江戸川区では、区民と区の協働により、水と緑を基盤とした豊かなまちの環境が整ってきたが、まちの魅力をさらに高めるため、景観を視点に地域の環境をとらえたまちづくりが必要となっている。そのために、「わがまちに誇りの持てる景観」を育成し、「将来に夢を持てる計画」として皆で取り組める「景観計画」を策定することとなった。

景観計画は景観法に基づくものであるが、当然のことながら、江戸川区長期計画や都市マスタープランとの連携が図られたものであり、東京都の景観計画や江戸川区の緑の基本計画との整合性も

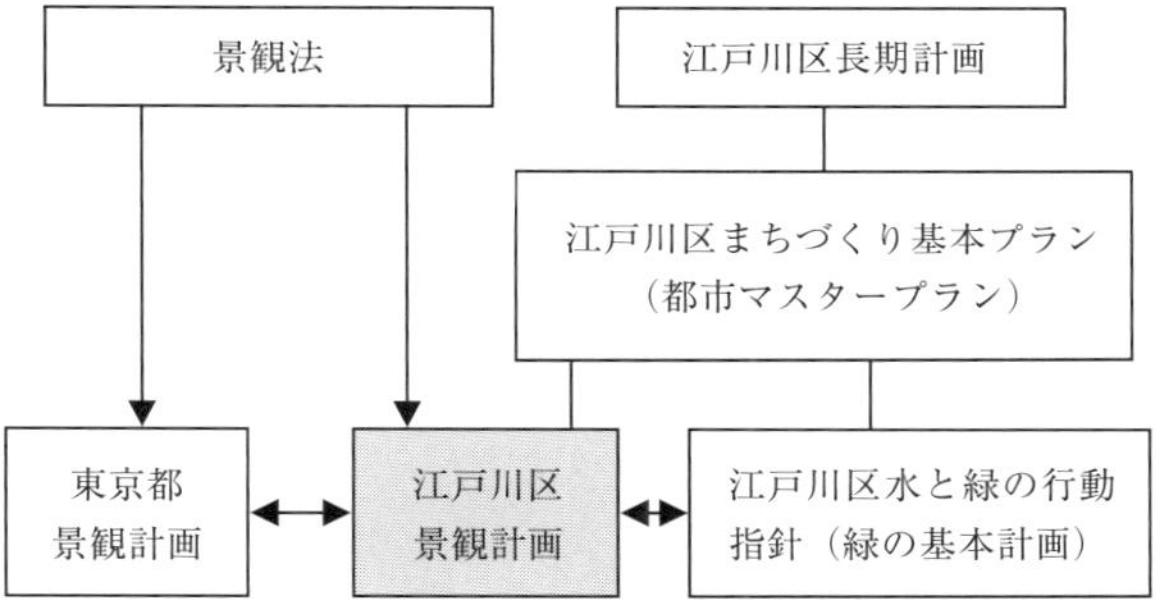

景観法
江戸川区長期計画
江戸川区まちづくり基本プラン（都市マスタープラン）
東京都景観計画
江戸川区景観計画
江戸川区水と緑の行動指針（緑の基本計画）

図-2　景観計画の位置づけ（出典：江戸川区景観計画、p.8、江戸川区）

図られたものとなっている。

(2) 景観計画の目的・目標・基本方針

この景観計画は、「わがまちに誇りの持てる景観」を創出し、「将来に夢を持てる計画」として多くの区民の参画により知恵を集大成することを目的としており、「水と緑に育まれた、多様な『江戸川らしさ』を活かした景観まちづくり―まちを元気にする計画―」を目標としている。

また、この計画では、①水に親しみ、緑を育もう、②これまでの創り育てたまちの宝物を大切にしよう、③住みよく心地よいまちなみを育てよう、④生き生きとしたまちの表情をつくろう、⑤区民の想いを活かし協力して進めよう、を基本方針として挙げている。

(3) 景観まちづくりの内容

■地域らしさを育てる景観まちづくり

江戸川区を大きく大景観区と小景観区としてとらえ、景観

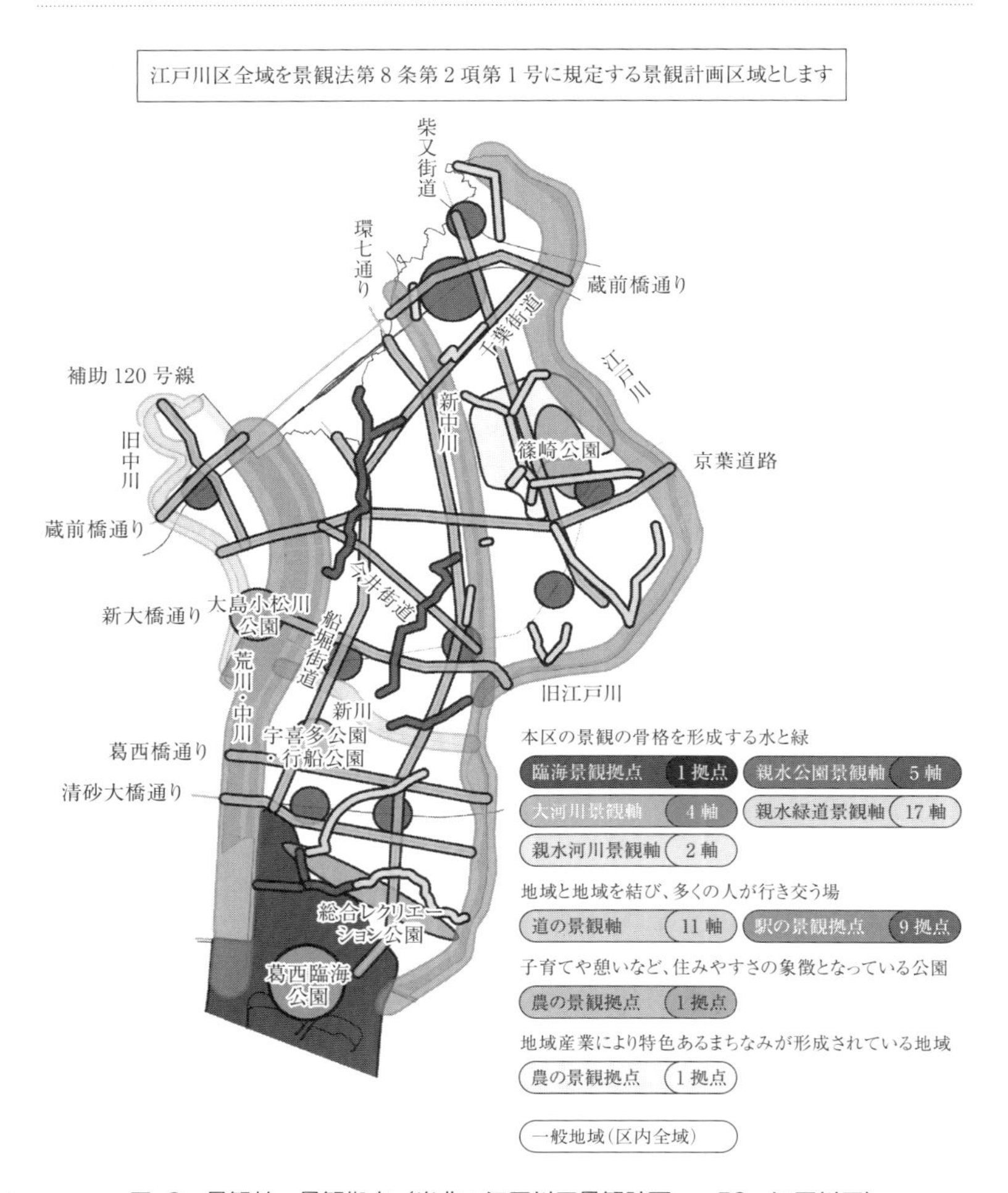

図-3　景観軸・景観拠点（出典：江戸川区景観計画、p.53、江戸川区）

まちづくりを展開することとしている。

① 大景観区―地域別方針―　地域らしさを活かした景観まちづくりを進めるための地域特性やテーマを示す。

② 小景観区―活動を育てる景観まちづくり―　大景観区を踏まえ、区民・事業者主体の景観まちづくり活動を育てる。

■区の顔となる景観まちづくり

地域特性やテーマから景観法を活用した取り組み（届出・協議制度等）を行うとしている。

① 景観軸・景観拠点―景観の規制・誘導―　区の顔となる景観上重要な地域を景観軸・景観拠点に指定し、規制誘導を行う。

② 景観重要資産―地域資源の保全・活用・整備―　地域のシンボルとなる資源を景観重要資産に指定し、保全・活用・整備する（7河川、10公園、17路線、建造物3件、樹木3件）。

■区民主体の活動による景観まちづくり

a 小景観区

区民・事業者がまちへの愛着を深め「水と緑」、「歴史・文化」、「まちなみ」、「活力・にぎわい」、「暮らしと活動」の五つの要素「江戸川らしさ」をさらに伸ばし、個性あふれるまちの景観が表れるよう区民発意の活発な活動が展開されていることを目指す。

b 小景観区を支える仕組み

①　アダプトなど関連制度の充実　　活動を支援する制度や事業等の一層の充実

②　景観まちづくり登録制度の創出　　江戸川らしさの景観を引き立たせる活動の登録制度を設け、区民同士が交流し互いの活動を高めあう機会の創出

③　法制度等の活用　　まちの計画やルールをつくる活動をより積極的に行う場合、法制度等の活用

c 景観まちづくり表彰制度（景観まちづくり賞）

良好な市街地環境の創出および区民主体の活動による景観まちづくりを推進するために、江戸川らしさのある景観を再生・引き立たせる活動を表彰

(4) 景観まちづくり活動の推進

■景観まちづくりワークショップ

景観まちづくりワークショップ（２００８年度より継続）において、景観まちづくりに関する区民参加を推進し、まちを元気にする小景観区活動を広げることを目的としている。現在５グループを設定し活動が展開されている。

■江戸川百景実行委員会

区民のさまざまな関連団体で組織しており、江戸川区のよりよい景観づくりを進めることを目的に発足している。

区内の資源や地域活動など、さまざまな景観を募集［募集期間：2009年（平成21年）10月10日～2010年（平成22年）8月10日］し、その結果、317名から863点の応募があり、百景実行委員会において「江戸川らしさ」を象徴する120景207点を選考した。

(5) 景観法に基づく届け出・協議制度

届出・協議制度を活用し、建築物等の形態・意匠や色彩等に関する誘導を行うことで良好な景観形成を図ることを目的としている。

届出対象は、

① 区全域に景観形成基準を設け、比較的大きな一定規模以上の建築行為

　一般地域：高さ≧15メートル　または、延床面積≧3000平方メートル

② 区の顔となる55の景観軸・景観拠点を指定し、一定規模以上の建築行為

　軸・拠点：高さ≧10～15メートル　または、延床面積≧300～3000平方メートル

　臨海部、河川、親水公園・緑道、公園、鉄道駅、幹線道路、農集積地

今後、景観まちづくりを展開していくために、身近な景観をつくる区民活動として、えどがわ百

景実行委員会や景観まちづくりワークショップを展開していくことになる。課題としては、新たな地区（ＪＲ小岩駅周辺地区、小松川境川親水公園沿線地区、新川沿線地区等）での具体的な実施がある。

4　水辺の景観コントロール

(1)「規制・誘導」の背景

このように江戸川区では、江戸川や荒川といった大河川と海に囲まれた自然地理的な特長を活かしながら地域固有のまちづくりを進めてきた。

こうした特色のある施設を活用した景観まちづくりにおいては、近年、条例や地区計画、さらには景観法（景観地区）を活用するなど、法的根拠をもたせるといった可能性を視野に入れた取り組みが各地で行われていると同時に、地域特性に応じた景観の内容をいかに地域住民に共有してもらい、景観づくりを行政も誘導していけるのかといった手法についてのさまざまな工夫が求められているのが現状である。

(2) 親水空間を地区計画で位置づけた先行事例

１９８１年（昭和５６年）に地区計画制度が制定されて以降、東京都においては、２０１２年

写真 -1　土地区画整理事業（篠崎駅東部地区、江戸川区）と併せて整備された本郷親水緑道（筆者撮影）

写真 -2　仲井堀親水緑道（一之江三丁目北地区、江戸川区）沿いの壁面線による後退事例（筆者撮影）

（平成２４年）３月３１日現在、７５４地区（１万４８８７・２ヘクタール）の地区計画が策定されている。江戸川区でも１９８３年（昭和５８年）に東京都では最初となる船堀駅周辺地区の地区計画を策定している。現在では３８地区の地区計画が策定されているが、その内容は目的に応じてさまざまである。

親水空間を地区計画や都市景観の観点で都市計画の手法で位置づけることの必要性については、研究の途中段階ですでに筆者が提案〈15〉しているが、その後具体的に実現したものとして、次のような地区計画の中で親水空間を位置づけた事例がある。

■篠崎駅東部地区本郷親水緑道沿線

２００１年（平成１３年）に都市計画決定された篠崎駅東部地区（注１）では、その方針の中で「本郷親水緑道沿道（**写真 -1**）の建物については、親水緑道と一体感を持たせたデザインを誘導する」として地区計画方針の中で位置づけており、指導要綱や地区計画の相談時あるいは受付の時点で実際に誘導している。

■一之江三丁目北地区仲井堀親水緑道沿線

２００３年（平成１５年）に都市計画決定された一之江三丁目北地区（注２）においては「仲井堀親水緑道東側では、親水緑道と一体的な景観形成を図るため、壁面の位置を制限し、壁面の位置として定められた限度の線と敷地境界線との間の土地を緑化空間とする」として具体的に０・５メートル以上の壁面線を指定している。この地区ではその趣旨にそった形態ですでに整備されている事例もある（**写真－２**）。

(3) 景観地区・地区計画の活用

江戸川区では、すでに述べたように親水公園・親水緑道に代表されるように景観形成の資源になるような施設を整備してきた。親水緑道整備も終盤の２０００年（平成１２年）に入り、区都市計画課では周辺住民と合意形成を図りながら、これらの施設に隣接する土地の建築物に対して独自の規制・誘導を行うことも必要であると考えた。

取り組みに際しては、国土交通省都市・地域整備局都市計画課と調整しながら２００５年度に「一般市街地等における誘導型景観地区の形態意匠制限のあり方検討調査」を行っている（注３）。その結果も踏まえ、２００６年（平成１８年）１２月に一之江境川親水公園沿線に景観地区（注４）と地区計画（注５）を定めた。策定にあたっては区からの強い要望で一年間、住民との合意形成の期間を設けている。

写真 -4　親水公園沿いの圧迫感のある建築物（小松川境川親水公園）（筆者撮影）

写真 -3　指導要綱による親水公園沿いの緑化空間（小松川境川親水公園）（筆者撮影）

5　全国初の景観地区指定
―一之江境川親水公園沿線の景観形成―

(1)　親水公園沿線の現状

親水公園として完成からすでに３０年になろうとしている小松川境川沿線の場合には、従前の工場跡地がマンションへと活発に転換していったという経緯がある〈6〉。建設された建築物は、区の指導要綱とも併せて親水公園側に緑化空間を整備するなど親水公園を積極的に取り入れた事例（**写真 - 3**）が多くみられるものの、明確な基準がないために、建築物の高さなど圧迫感のある建築物も現に存在している状況にある（**写真 - 4**）。

それに対し一之江境川沿線ではまだ比較的土地利用も進んでおらず、環境が保全されている地域である。しかし、このまま放置しておくと、小松川境川のようにマンション等への土地利用転換が進み大規模な建築物が建設されるなど、現在

写真 -6　上空を張り巡らす電線（筆者撮影）

写真 -5　景観阻害要因となる工作物、自動販売機、共同住宅のゴミ置き場（筆者撮影）

の良好な都市環境が失われる可能性がある。

また、地区内では景観を阻害している工作物や自動販売機、共同住宅のゴミ置き場、さらに、上空には電線が張り巡らされていたり、親水公園沿線に電柱やブロック塀が設置されている所など現状においても景観的に問題と思われる箇所が散見される（**写真 - 5、写真 - 6**）。

(2) 景観地区指定および地区計画策定経緯とその内容

■策定経緯

そのような状況の中で、前述のように江戸川区では国土交通省との検討を続けながら2004年（平成16年）から2005年（平成17年）にかけて住民参加（懇談会）を経て、2006年（平成18年）12月に一之江境川沿線（20メートル以内）（**図 - 4**）に、景観地区（注4）お

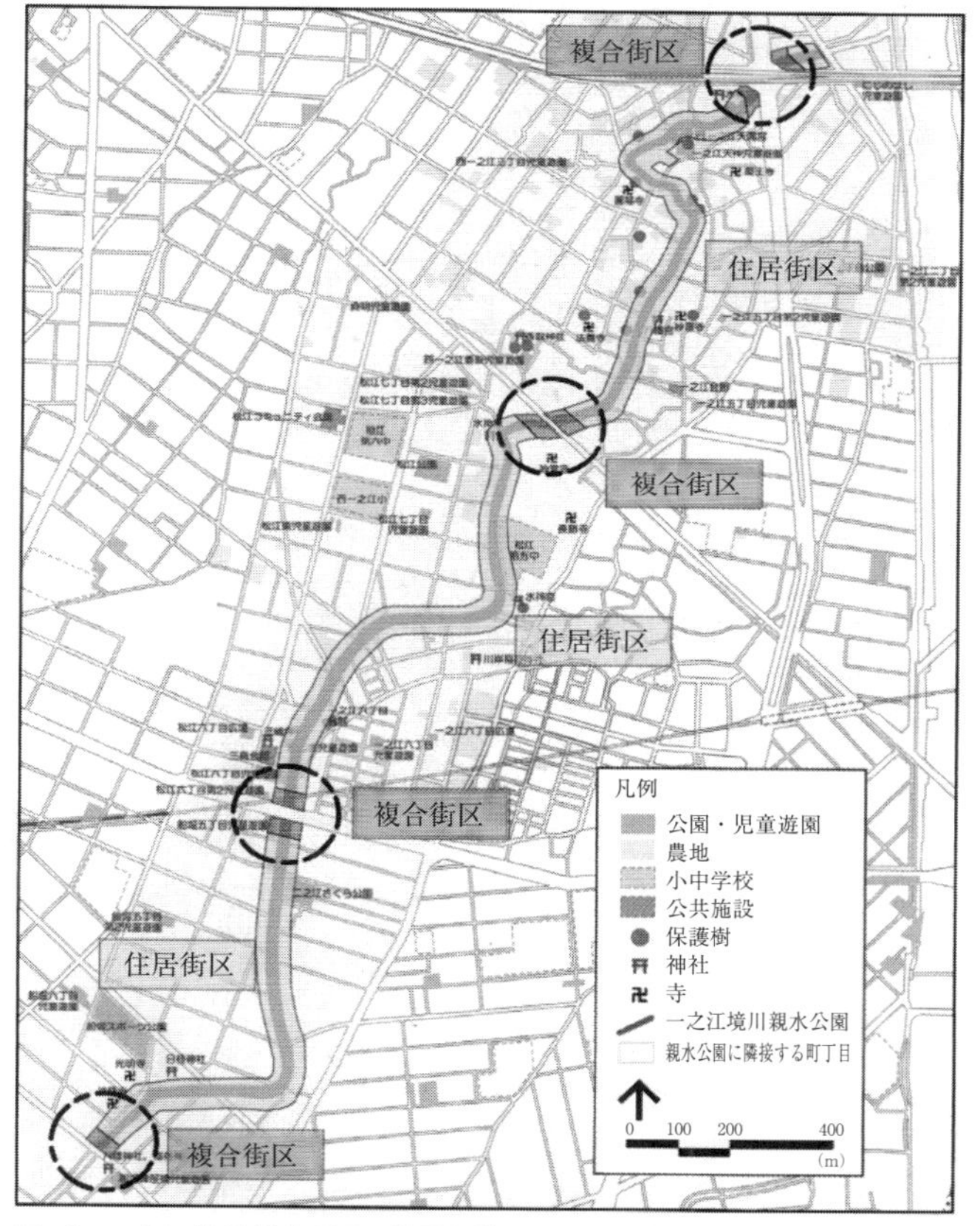

図 -4　一之江境川親水公園の位置と街区区分（出典：景観まちづくりガイド、p.2、江戸川区）

よび地区計画（注5）を指定した。

とくに住民との合意形成については、限られた期間ではあったが、行政として十分に行いたいと

写真-7　まち歩きの様子

写真-8　ワークショップの様子

いう考えをもっていた。具体的には、一之江境川親水公園を上・中・下流の三地域に分け、各四回の懇談会とフィールドワーク（1回）を行っている（**写真-7、写真-8**）。そこでは、区として「景観という視点での環境との調和」を中心に話し合いを進めるために、都市計画だからといって行政が一方的に定めるのではなく、「ルールを定める際の住民（市民）参加と合意」という観点で臨んでいる。

■計画概要

一之江境川親水公園は全長3・2キロメートルに及ぶが、上流・中流・下流に大別される。また、景観地区および地区計画では範囲を境界から20メートル以内とし、全体を住居街区と幹線道路沿道の複合街区の二つに分け、それぞれに制限項目を設けている（**図-4、図-5**）。

なお、地区計画においては、景観地区で表現できない目標や方針、屋外広告物の基準等について明記し、そこで制限できる「建築物の形態意匠の制限」、「建築物の高さの最高限度」、「壁面の位置の制限」、「建築物の敷地面積の最低限度」について表現している。

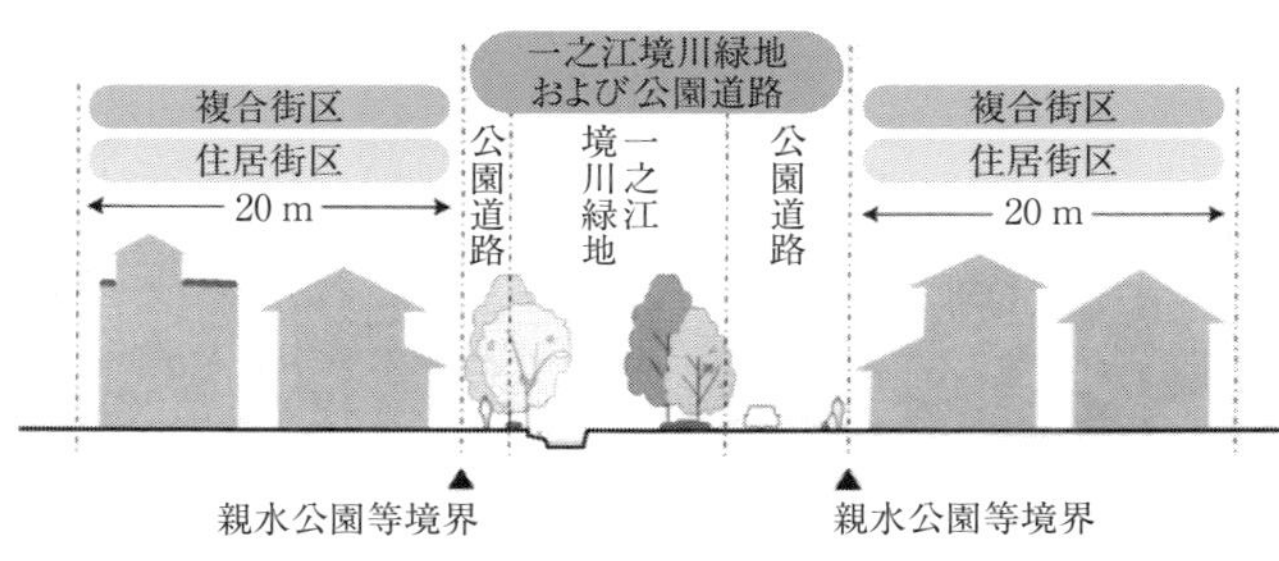

図 -5　景観地区・地区計画の範囲（境界から 20m 以内）（出典：景観まちづくりガイド、p.2、江戸川区）

(3) 地区計画の内容

地区計画では、景観地区では表現できない目標や看板等のルールを以下のように定めている。

■景観まちづくりの目標

景観地区と併せて本地区沿線の魅力的な景観資源の環境のもとにある地区の特性を活かした個性ある街並みを保全するとともに、広がりのある水と緑豊かな都市景観の創出を目指して、地区計画の中で景観まちづくりの目標を、①落ち着きのある自然豊かな街並み景観の形成、②歩いて楽しい変化のある街並み景観の形成、③水辺のにぎわいが感じられる街並み景観の形成、とした。

■看板等の屋外広告物の設置に関するルール

景観地区では定められない看板等の屋外広告物の設置について地区計画の中で制限した。内容は、①自家用屋外広告物に限定、②建築物屋上の広告物禁止、③広告物にネオン管・赤色光および点滅式光源の使用禁止、④広告物の表面合計面積の制限（住居街区15平方メートル以下、複合街区20平方メートル以下）、⑤独立広告物の高さ制限（住居街区5メートル以下、複合街区10メートル以下）、⑥広告物に使用する色彩を、親水公園の環境と調和した落ち着きのある色彩とすること、といったものである。

(4) 景観地区の内容

■建築物の形態意匠の制限

他自治体における事例も参考にしながら、本地区における建築物の外観（外壁、屋根、建具等）の色彩を、親水公園の自然や景観上優れた周辺環境と調和したものにするため、①色相がR（赤）、YR（黄赤）において彩度7以上のもの、②色相Y（黄）において彩度5以上のもの、③色相がGY（黄緑）・G（緑）・BG（青緑）・B（青）・PB（青紫）・P（紫）・RP（赤紫）において彩度3以上もの、を制限している。

色彩については、樹木の葉の安定した彩度変化がおおむね3から6程度の範囲であるということを踏まえて、葉よりもあざやかな色を規制している。

■建築物の高さの最高限度

「空の広がりを確保すること」をコンセプトに、建築物の高さの最高限度を設定した。現在の街

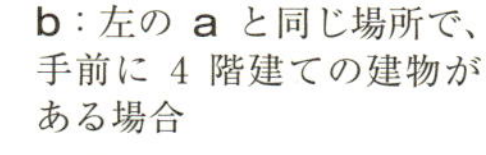

図-6　住民との合意形成時に使用した画像（注6）（出典：江戸川区都市開発部）

並みが10メートル未満の低層で形成されていることから、住民からは、「基本的には現在のような2～3階程度までの街並みにしたい」という意見が多くみられた。また、「中高層の建物でも奥まった位置であれば圧迫感を感じないのでよい」という意見もあり、それらを踏まえ、a：現況の2～3階建ての街並み、b：親水公園沿いに4階建ての建物が建った場合、c：1棟分奥に5階建ての建物があった場合について、動画のコンピュータグラフィックス（CG）を用いた景観シミュレーションを実施している（**図-6**）。

そして、**図-6**のbでは、手前に4階建て（12メートル相当）の建物が建った場合は建築物による圧迫感を感じる景観となるが、cのように、10メートル奥まった位置では、圧迫感が感じられない景観を形成することを住民とともに共有化した。

その結果、住居街区においては建築物の高さの最高限度について、親水公園側を3階建てまでを想定した10メートルとし、空の広がりを確保するため人の頭を動かすことなしに対象物が全視界に入ってくる仰角の上限である30度に近づけるよ

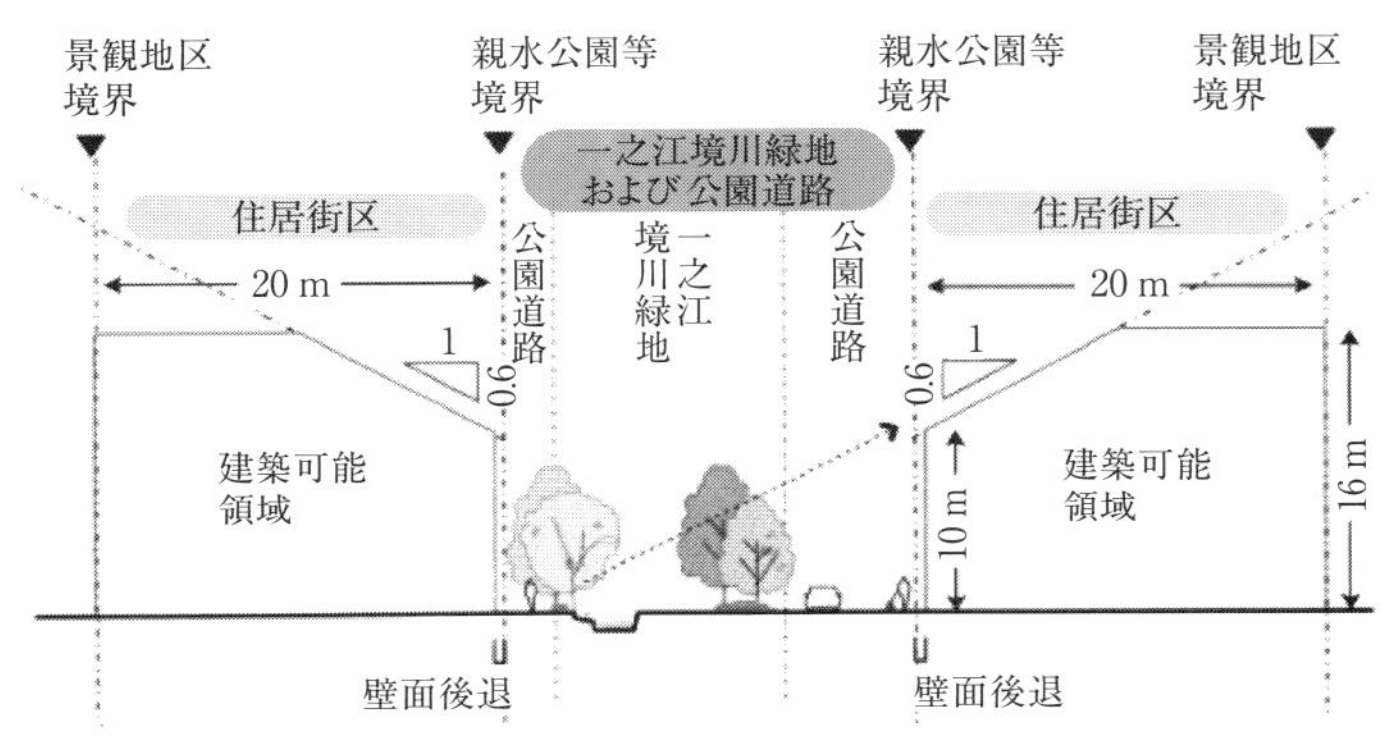

図 -7　建築物の高さの制限（住居街区）（出典：景観まちづくりガイド、p.7、江戸川区）

うに、下記に示す勾配0・6の斜線規制を設定した（**図-7**）。

$H = 0.6 \times L + 10 \quad H = \leqq 16$

（H：建築物の高さ（m）、L：親水公園等境界からの水平距離（m））

また、住居・複合の両街区において絶対高さ16メートルが設定されている地域があることを考慮して、絶対高さ16メートルという規制を設定している。住民からは「制限が厳しすぎるのは困る」という意見が出されたことから、緩和策を設けることとし、空の広がりが確保できる範囲をCGなどで確認しながら、敷地面積の10分の2以上を親水公園に接して一般に公開された空地を設ける場合は、親水公園等境界より10~20メートルの範囲において、19メートルの絶対高さに緩和している。

■壁面の位置の制限

親水公園の緑と連続した緑を創出できるよう、沿道を

写真-9　壁面後退と隅切り状の緑化例（江戸川区東葛西五丁目付近地区地区計画区域内）（筆者撮影）

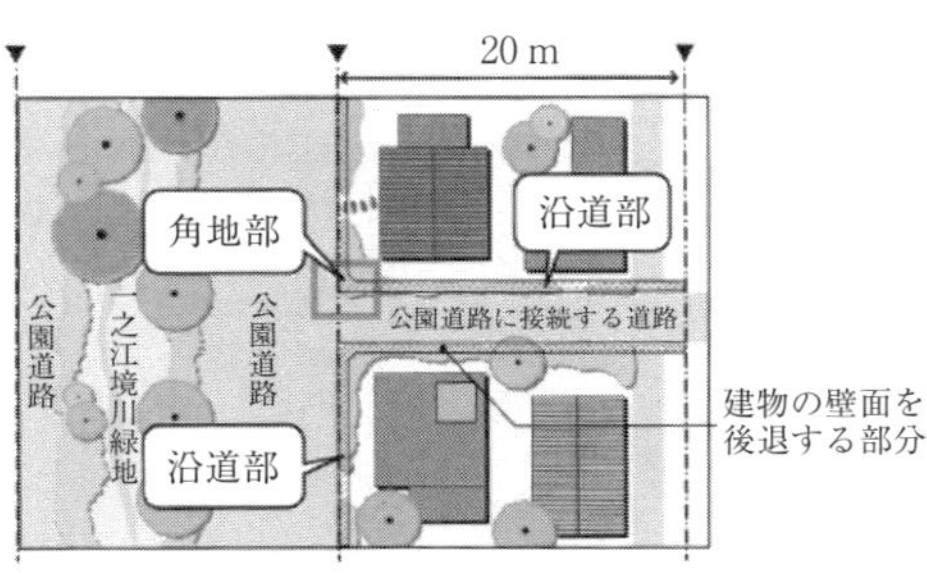

図-8　公園に隣接する道路部分に設けられた制限（出典：景観まちづくりガイド、p.5、江戸川区）

緑化するための空間を確保するために、住民からの「敷地が狭くても少しでも緑の空間が欲しい」、「沿道には緑がほしい」という意見や環境形成を目的に設定された地区計画の区内事例（**写真-9**）を考慮し、壁面線の後退を0・5メートル以上とし、親水公園と接する沿道部だけでなく公園に接続する道路にも制限を設け、親水公園からの景観を配慮した（**図-8**）。

また、道路が交差する角地部分には見通し空間を確保するため、敷地の隅を頂点とする長さ2メートルの底辺を有する二等辺三角形の部分を後退する規制を設けている。

■建築物の敷地面積の最低限度

敷地の細分化の問題について、コンセプトを検討する上では住民からはとくに意見がなかったが、ゆとりある景観形成のために、これまでの設定（70平方メートル）より高い建築物の敷地面積の最低限度として、環境形成を目的に設定された地区計画の区内事例を考慮し100平方メートルを設定している。

(5)「規制・誘導」することの有効性（計画策定段階から現状に至るまでの過程）

■国土交通省都市・地域整備局との共同研究

全国で最初の景観地区を指定するにあたり、江戸川区として藤沢市・鎌倉市とともに国土交通省において研究会を開催し、一般市街地における誘導型景観地区の形態意匠制限のあり方について検討した。

その結果、規制・誘導の有効な内容として、景観地区の指定内容が確認された。一之江境川沿線地区は景観計画策定前の景観地区指定となったが、指定後の2011年（平成23年）に江戸川区として景観計画の策定を行っている。

■市民参加による景観形成の実現

計画策定時に懇談会等を開催することにより、市民が良好な都市環境を形成するために整備された親水施設等を共有の財産として認識することができ、市民自ら共に良好な都市環境をつくるという協働の視点で自ら市街地環境形成に参加することが可能になるといえる。この景観地区指定にあたっては、「一之江境川親水公園沿線景観まちづくりガイド」を同時に作成し各戸に配布している。

また、景観まちづくりワークショップや江戸川百景実行委員会を開催するなど景観への取り組みが現在も続けられている。

(6) 景観地区・地区計画など都市計画の仕組みとの関連

一之江境川親水公園沿線に景観地区および地区計画を定めることに伴い、この景観地区・地区計画が策定され、すでに7年が経過するなか、親水公園沿線地域における景観形成への影響（具体的な実現状況）について区役所への聞き取りおよび現地調査を行った。

その結果、線的に長い空間としての特徴をもつ本地区において、これらの計画・規制・誘導による景観形成（コントロール）の効果として、次のことがみられた。

■景観地区・地区計画による効果

年度ごとの届け出件数については、この地区に景観地区が指定されてから、計８４件（２０１３年１０月現在）の届け出がされており、今も着実にその数は増えている（**表-1**）。現地調査を行った結果、壁面後退部分の緑化により緑の景観に厚みができ（**写真-10**（右））、景観阻害要因となっているゴミ置き場も目立たなくなっている（**写真-10**（左））など、景観地区・地区計画に基づいた良好な景観形成が実現なされている。

しかし、自治体担当者からのヒアリングからは、計画策定（地区指定）にあたっては市民参加が

表-1　一之江境川親水公園沿線景観地区届出件数

年度	2007	2008	2009	2010	2011	2012	2013	計
件数	7	16	12	16	16	9	8	84

（2013年10月現在）

写真-10　景観地区・地区計画の「規制・誘導」によって実現した修景の事例（筆者撮影）

図られやすかったが、景観形成の持続可能という観点から、今後の課題として、①景観地区であることの沿線住民への意識付け（景観形成の加速化）、②景観地区指定によってもたらせた効果（景観形成の評価）、③同様の親水空間への適用（今後の展開の可能性）、といったことが挙げられた。

■「厚みのある景観形成」の実現

こうした特別の規制・誘導がないと、親水公園側の境界まで法で認められているぎりぎりの範囲内で建築の可能性があるが、地区計画や景観地区を指定し壁面線や高さ等の制限をすることによって、親水公園沿線ではブロック塀等の阻害要因が排除され、それらに代わって設けられる緑化空間（**写真-11**、**写真-12**）とともに「空」の広がる開放感のある上空空間も確実に確保されることになる（**写真-13**、**写真-14**）。こうした規

写真-11　壁面後退による緑化がされていない現状（一之江境川親水公園）（筆者撮影）

写真-12　壁面後退部分の緑化で生み出される緑の空間（江戸川区都市開発部で加筆）

写真-13　高さ制限をしていない現状（小松川境川親水公園、筆者撮影）

写真-14　高さ制限をすることにより確保される空の広がり（江戸川区都市開発部で加筆）

制・誘導を行うことにより、自然発生的な景観ではなく、計画的かつ効果的な、線的に長く「厚みのある景観形成」を期待することができる。

■環境形成型地区まちづくりへの展開

国立市のマンション訴訟にもみられるように、建物の計画内容が知らされてから住民の間から反対運動が起こり、課題（紛争）を解決するための地区まちづくりが進められることが多い。

環境形成というまちづく

りの観点から、東京都は２００２年（平成１４年）、みどり豊かなまちづくりを目指し、緑化などに重点的に取り組むために「環境形成型地区計画」を創設した。みどり豊かな環境形成を誘導することを目的として、既存の地区計画制度を活用しつつ、一定の緑化空間の創出を義務づけることにより、容積率などの変更を可能としている。

今後の地区まちづくりの可能性として、江戸川区の景観地区指定は、国立のような従来の課題（紛争）解決型から、景観を主眼とする未然防止を含めた環境形成型へ向けた先がけになったといえる。

これまで述べてきたように、ここで取り上げている江戸川区の場合には、地区まちづくりについて地区計画制度を活用しながら具体的かつ積極的に規制・誘導を行ってきた。とくに親水空間周辺についても親水施設沿線に壁面線を指定し緑化を誘導したような地区計画（一之江三丁目北地区）が先駆的に試みられており、さらに一之江境川親水公園沿線においては、景観について市民と話し合いを重ねながら「景観まちづくり」という視点で、景観法による景観地区と地区計画を重ねながら指定できたことには大きな意義があった。

今後、水と緑といったアメニティ環境に視点をあてたまちづくりを進めていこうとしている地域・地区にとって大いに参考になると考えられる。

■江戸川区の取り組みからわかったこと

①　計画策定段階から現状に至るまでの過程から、景観地区の届出件数および現地での実現状況

をみると、景観地区や地区計画による景観形成は着実に図れていることがわかる（景観阻害要因を減少させ改善も図れている）。また、同時に区へのヒアリングからも景観をテーマにしたまちづくりでは市民参加が図りやすいことがわかった。

② 景観地区・地区計画など都市計画の仕組みとの関連からは、親水公園は細長い線的なところに特徴があり、その及ぼす影響も広範になりやすいため、範囲を具体的に設定することにより、緑の景観など効果をより広く（厚く）することができていた。

③ 親水公園周辺の景観形成にあたっては、単なるガイドラインの作成ではなく、景観地区や地区計画を活用する手段が有効である。いい換えると、自然発生的な景観形成ではなく、地区特有の計画・規制・誘導によって具体的に地区特有の景観形成を図ることができる。

■今後の課題

この事例では「できるところからすぐに景観形成を図る」という観点で、景観計画策定前に景観地区および地区計画を定めたわけだが、区の現担当者へのヒアリングからわかったことも含め今後の課題として次のことが挙げられる。

① 他地区への早急な展開　区では景観計画策定前にスポットで取り組んだが、環境保全の観点からもこの仕組みを他の親水公園沿線にも早急に展開していく必要がある。

② 具体的事業への展開　計画論だけでなく具体的に景観形成を図る意味において、土地区画

整理事業や再開発事業といった可能性を探り、あるいは電線・電柱の地中化といった事業等へ具体的に結びつけながら実践していく必要がある。

6　親水と防災

ここでは江戸川区において整備の進む防災拠点（亀大小）とスーパー堤防事業について説明する。

(1) 亀戸・大島・小松川地区防災拠点

亀戸・大島・小松川地区は、荒川・京葉道路（放射15号線）および新六ノ橋通り（補助144号線）に囲まれた、約114ヘクタールの地域である。このうち、約98・6ヘクタール（防災拠点外0・2ヘクタール含む）が1979年（昭和54年）から始まった市街地再開発事業の施行区域となっている。

もともと当地区は、軟弱地質・低地盤地帯で、周辺地区を含めて人口密度が高く、総合的にみても災害危険度が高い状況にあった。また、住宅・店舗・工場等が混在し、かつ密集住宅による生活環境の悪化や大工場の転出に伴う購買層の減少など、地域における震災対策・生活環境の低下などが課題となっていた。

そこで、1969年（昭和44年）に江東デルタ地帯における地震対策・生活環境の改善と経済

写真-16　スーパー堤防整備とあわせ避難広場を兼ねた広大な公園や中高層住宅等が整備（出典：江戸川区）

写真-15　木造住宅等が密集していた整備前（出典：江戸川区）

基盤の強化を図ることを目的とした「江東再開発構想」において、六つの防災拠点の一つとして位置づけられた。現在、災害時における避難広場（避難人口約20万人）の確保、安全で快適な生活環境の整備、地域特性に配慮した経済基盤の強化等を目的として事業を実施した（**写真-15、写真-16**）。

(2) スーパー堤防事業

スーパー堤防は高規格堤防とも呼ばれており、きわめて大きな洪水等でも決壊しない幅の広い堤防のことである。その特徴は、①越水に強い、②浸透に強い、③地震に強い、というところにあり、この事業と一体的にまちづくりを行うことにより、川へのアクセスが容易となるだけでなく、眺望が開けて川と水と緑に親しむことができ、水辺の都市再生も可能となる。この事業については再開発事業や土地区画整理事業とも併せ、江戸川区でも積極的に展開してきた（**図-9**）。

亀戸・大島・小松川地区防災拠点においては、スーパー堤防事業（約2・4キロメートル）を市街地再開発事業と併せて

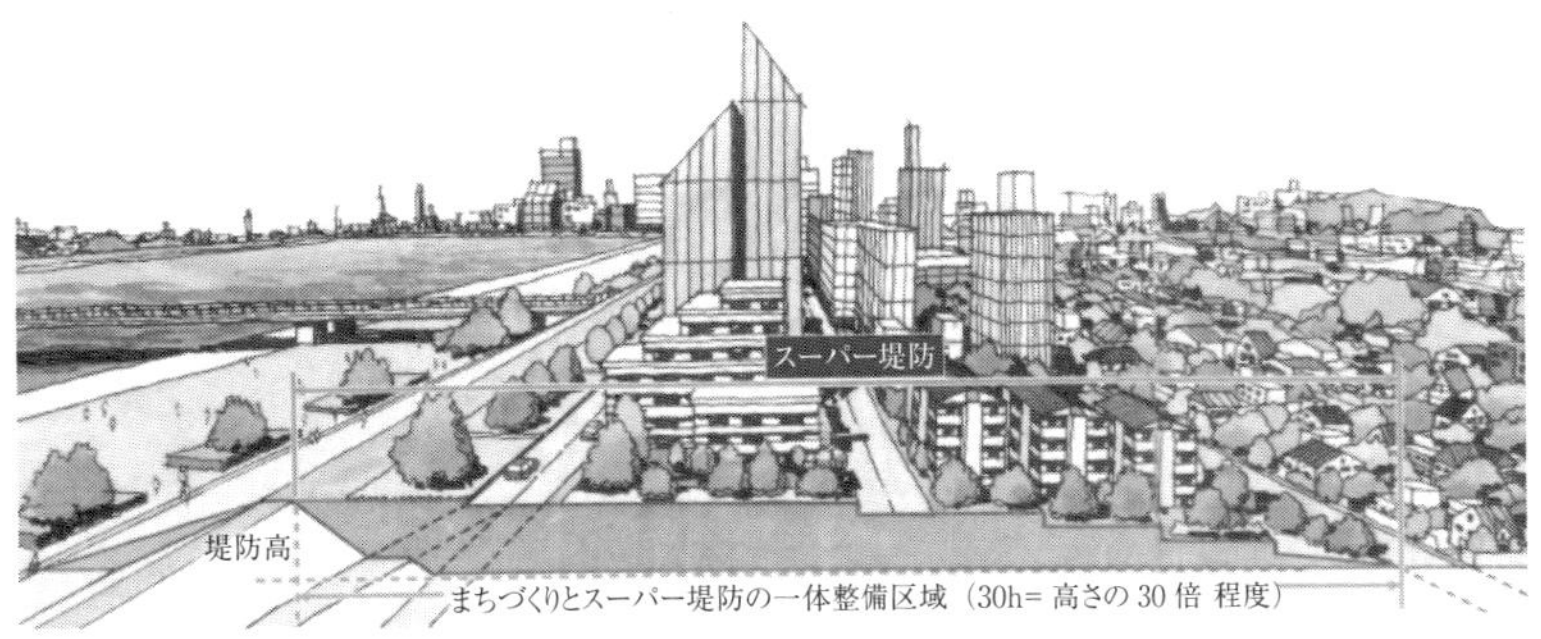

図 -9　スーパー堤防の断面（国土交通省作成）

写真 -17　スーパー堤防の整備によって市街地は堤防とほぼ同じ高さに盛土（右）（グラフ スーパー堤防、国交省荒川下流河川事務所より引用）

写真 -19　スーパー堤防整備後（平井七丁目地区）（グラフ スーパー堤防、国交省荒川下流河川事務所より引用）

写真 -18　スーパー堤防整備前（平井七丁目地区）（グラフ スーパー堤防、国交省荒川下流河川事務所より引用）

行っているが、２００２年（平成１４年）に第Ⅰ期地区が完成している。スーパー堤防上には、江戸川区によって「千本桜」の整備が進められ、２００３年（平成１５年）に千本目の植樹が行われ、毎年春には桜の名所として多くの人々が集うようになっている。このように、スーパー堤防と一体となったまちづくりによって、安全でアメニティ性に富んだ快適なまちに生まれ変わっている（**写真－１７**）。

また、平井七丁目地区においては、土地区画整理事業と合わせスーパー堤防事業を実現している。このような事例からも〝親水〟の一つの大きな機能として防災があることがわかる（**写真－１８、写真－１９**）。

【補注】

（注１）２００１年１１月２６日計画決定、江戸川区告示第３６０号、面積約２０・５ヘクタール
（注２）２００３年８月１５日計画決定、江戸川区告示第３１９号、面積約９・４ヘクタール
（注３）国土交通省都市・地域整備局、「一般市街地等における誘導型景観地区の形態意匠制限のあり方検討調査」報告書、２００５・３
（注４）一之江境川親水公園沿線景観地区、２００６年１２月２６日計画決定、江戸川区告示第４８６号、面積約１８・７ヘクタール
（注５）一之江境川親水公園沿線景観形成地区地区計画、２００６年１２月２６日計画決定、江戸川区告示第４８７号、面積約１８・７ヘクタール
（注６）本條毅「ＶＲＬＭによる景観可視化手法」により作成

◎参考・引用文献

〈1〉村川三郎、飯尾明彦、渡辺裕之、西名大作：都市内人工的親水空間に対する居住者意識構造に関する研究（その1～その3）、日本建築学会大会学術公演梗概集、417～422頁、1985・10

〈2〉鈴木信宏、田中周一：水景施設稼働状況に関する調査、日本建築学会大会学術公演梗概集、457～458頁、1986・8

〈3〉鈴木信宏、津島暁生、小島正勝：横十間川親水公園の計画と住民評価、日本建築学会大会学術公演梗概集、389～390頁、1987・10

〈4〉上山肇、若山治憲、北原理雄：親水公園の利用実態と評価に関する研究―東京都23区における親水公園の現況と利用状況―、日本建築学会計画系論文集、№462、127～135頁、1994・8

〈5〉上山肇、若山治憲、北原理雄：親水公園の周辺環境に関する研究―親水公園が周辺のコミュニティ形成に与える影響―、日本建築学会計画系論文集、№465、105～114頁、1994・11

〈6〉上山肇、北原理雄：親水公園の周辺土地利用と建築設計に及ぼす影響、日本都市計画学会学術研究論文集、361～366頁、1994・11

〈7〉宇井えりか、畔柳昭雄：水辺環境の変遷からみた人間と自然との係わりに関する研究、日本建築学会計画系論文集、№540、315～322頁、2001・2

〈8〉畔柳昭雄、田中郁臣：都市小河川の環境整備が行政・住民・小学校に及ぼす影響と三者の役割―水辺環境整備が子供の水辺との係わりに及ぼす影響に関する研究　その1―、日本建築学会計画系論文集、№553、253～260頁、2002・3

〈9〉鈴木規道、積田洋、津村佳余：河川空間の心理的評価と護岸断面形状ならびに空間構成と相関分析、日本建築学会計画系論文集、№672、327～333頁、2012・2

〈10〉積田洋、鈴木規道、津村佳余：河川空間の記号化表現による形態的特性とシークエンス構成の分析、日本建築学会計画系論文集、№680、2361～2369頁、2012・10

〈11〉牧野桂子、上山肇、林洋一郎、秋山寛：景観地区指定プロセスを通じた景観形成における水と緑のストックの有効性に関する研究、日本造園学会ランドスケープ研究、７１１～７１６頁、２００７・５
〈12〉横山広允、宮岸幸正：河川空間における初期眺望景観把握に関する研究―京都市内の河川空間からの眺望景観を対象として―、日本建築学会計画系論文集、№６８３、１１５～１２２頁、２０１３・１
〈13〉畔柳昭雄、松永知仁：都市気候の改善を図るCool Linear Park構想実現のための基礎的研究、日本造園学会ランドスケープ研究、９６６～９７１頁、２００９・３
〈14〉坪井塑太郎：水政策と河川管理・都市における水辺の環境と防災機能を考慮した居住者評価に関する研究―東京都江戸川区における親水公園を事例として―、水資源・環境研究（２０）、５５～６２頁、２００７
〈15〉上山肇：親水公園の都市計画的位置づけに関する研究―東京都江戸川区を中心事例として―、博士（工学）論文、千葉大学、１９９５・１
〈16〉上山肇（共著）、日本建築学会編：「水辺のまちづくり―住民参加の親水デザイン―」、技報堂出版、２００８・９
〈17〉上山肇：地区まちづくり政策の理論と実践―良好な市街地環境形成の実効性を確保する地区まちづくりに関する研究―、法政大学学位論文（政策学）、２０１１・３
〈18〉上山肇 他：「実践・地区まちづくり」、信山社サイテック、２００４・５
〈19〉上山肇：一之江境川親水公園周辺における景観形成の経緯と現状、第４９回日本都市計画学会学術研究論文、２０１４・１１
〈20〉国土交通省荒川下流河川事務所：グラフ・スーパー堤防
〈21〉江戸川区：江戸川区スーパー堤防整備方針

第6章 〝親水〟という名のブランド ―〝親水〟が伝える江戸川区の魅力―

キーワード：親水　ブランド　活性化　新川

1 〝親水〟という〝ブランド〟

地域の特性・特色を発揮することができれば、それはどんなに小さなものでも、東京や大阪といった大都市にも対抗できる。近年、こうした「特色ある」、「個性ある」、「魅力ある」といった街が高く評価されるようになってきている。

人間がつくるさまざまな事業が都市環境を変える。それらは人工的に環境をつくるが、もともとある自然環境やすでに存在する人工環境を含めたトータルなものを人間の立場から考えていくというのが環境の思想である。また、都市環境においては、安全性、衛生性、利便性にとどまらず、快適性（アメニティ）という量的にはかれない質的な充実も必要である。

（1）〝ブランド〟の成り立ちと定義

まず〝ブランド〟の成り立ちや定義などについてみてみる。

ブランド（brand）はそもそも、「焼印を付けること」を意味する〝brandr〟（古期スカンジナビア語）などを言語とする言葉である。もともとは羊や牛など家畜の所有者が、放牧された自分と他者の家畜とを識別するために付けた焼印から発祥している。これは頭数の確認を容易にし、家畜が自らの所有物であることを証明するものであり、今ではある財やサービスを他のものと区別するため概念として用いられている。

そしてさらに〝地域ブランド〟という言葉になると、企業マーケティングのブランド概念を地域経営や地域づくりの分野に応用したものとなり、地域の価値そのものを評価するものとなる。

（2）水辺空間のブランド化

例えば有名な水辺空間として、神戸港周辺をみてみると、メリケンパークとハーバーランドとができた貿易港でもあるが、中突堤からクルーズ船に乗船できたり、夏には神戸海上花火大会が開催されるなどひとつひとつが魅力ある空間となり、多くの人々がつどう場所となっている。さらに中突堤中央ターミナル「かもめりあ」は高齢者や障害者が利用しやすいよう設計にも配慮がされており、幅広い年齢の人々も集いやすくなっている。

写真 -1　ハーバーランドよりメリケンパーク側を望む（筆者撮影）

写真 -2　モザイクとクルージング船（筆者撮影）

メリケンパークは神戸港120年を記念してつくられた臨海公園で、港神戸らしい風景が楽しめ夜も含め散歩など憩いの空間として利用されている。

また、ハーバーランドは、モザイク、プロメナ神戸、カルメニ、煉瓦倉庫レストランなどが立ち並び多くの人々が利用している。

そのように神戸港周辺は多くの観光客が訪れる場所（空間）となっているが、ここに行けば何か楽しめる（憩える）といった具合に、正に水辺空間がブランド化しており、〝地域ブランド〟になっているといえる（**写真 - 1、写真 - 2**）。

（3）江戸川区を代表するブランド〝親水〟

親水公園とは、日本語で「水辺に親しむ公園」という意味である。下水道の普及によって不要となった中小河川を埋めるのではなく、清流として蘇らせる事業である。

現在区内には、5路線の親水公園と、道路脇の水路を再生した18の親水緑道、川そのものを親水化した2つの河川を合わせ、総延長35キロメートルに及ぶ「水と緑のネットワーク」が形成されている。

江戸川区の多くの親水公園では水遊びができ、遊歩道や併設した公園の整備により、区民の憩いのスペースとなっている。また、延焼防止や避難路としての防災機能、エコロジーや気候調整機能、野鳥や昆虫など生き物の回遊など、都市の中での有効性が高く評価されており、〝地域ブランド〟ともいえるものとなっている。

５章で触れたように２００６年（平成１８年）には、一之江境川親水公園で親水公園沿線としては日本初となる景観地区が指定され、建物高さや意匠など景観に配慮した住宅街が形成されている。

2　〝親水〟が世界に

江戸川区が進めてきた親水事業は、日本国内でも１９７４年（昭和４９年）の全建賞（古川親水公園）、１９９９年（平成１１年）にも同じく全建賞を新川親水河川における地下駐車場整備で受賞し高い評価を得てきた。

また、世界初の親水公園として古川親水公園は、１９７４年（昭和４９年）にアメリカ・ワシントン州で「環境と人間」をテーマに開催された「スポーケン博覧会」で全世界に紹介され高い評価を受けた。〝親水〟が世界に羽ばたいた瞬間である。

2005年(平成17年)10月13日(木曜日)　讀賣新聞

ソウル・シンポへ職員派遣

親水が呼ぶ日韓親善

江戸川区　整備30年の歴史伝授

韓国・ソウル市立大学で13日に開かれる都市環境をテーマにした国際シンポジウムで、江戸川区職員が公園緑地政策の具体的な取り組みとして親水公園について発表する。同区は親水公園の発祥の地。農業用水や水運としての役割を終えた川を約30年前から公園に整備してきた歴史を、海外にも"伝授"する。

シンポジウムは、同大学造園学科創立30周年の記念事業。ソウル市では都心部を流れる清渓川の上を走っていた高速道路を撤去し、水質を浄化させるなど、近年、水辺環境を見直す動きが高まっているという。

一方の江戸川区は、親水公園生みの親で、第1号の古川親水公園は1973年7月に誕生した。現在、五か所の親水公園（全長計9・6キロ）と18か所の「親水緑道」（同17・7キロ）があり、憩いの場としてばかりでなく、清掃活動や自然観察会などを通じた住民同士の交流の場にもなっている。かつてのどぶ川が子供たちが水遊びができるような清流に生まれ変わり、「よみがえった川」として、中学校の公民の教科書で紹介されたこともある。

今回、ソウルに派遣されるのは、区都市計画課の上山[illegible]課長補佐ら3人。一度は汚された川を次々と公園化してきた経緯や、一之江境川親水公園の一帯の緑を保全しようという取り組みを紹介する。

通訳を介しての発表となるため、3人は地図や写真を50枚以上用意した。水辺に集合住宅が相次いで建てられたり、かつて川面に背を向けていた住宅の多くの玄関が公園側を向くようになったりした様子を、視覚的に伝えられるよう工夫している。

シンポジウムでは、ドイツ・ベルリンの担当者も事例発表する予定。上山さんは「住民らと築き上げてきた親水公園を海外に紹介できるのはうれしい」と話している。

◀水辺に緑があふれる親水公園（江戸川区の一之江境川親水公園で）

図-1

(1)〝親水〟が繋いだ韓国への架け橋

２００５年（平成１７年）、読売新聞（１０月１３日付）に「親水が呼ぶ日韓親善」という記事が掲載された（**図-1**）。

「韓国・ソウル市立大学で１３日に開かれる都市環境をテーマとした国際シンポジウムで、江戸川区職員が公園緑地政策の具体的な取り組みとして親水公園について発表する。同区は親水公園の発祥の地。農業用水や水運としての役割を終えた川を約３０年前から公園に整備してきた歴史

写真-3　多田区長公演風景

写真-4　参加者と共に

を海外にも〝伝授〟する」とあった。

このシンポジウムは、同大学造形学科創立３０周年の記念事業である。ソウル市では都心部を流れる清渓川（チョンゲチョン）の上を走る高速道路を撤去し、水質浄化を図るなど、水辺環境の見直しを行っていた。ソウルに派遣されたのは、当時私を含め３人であった。ここでは一度は汚された川を次々と公園化してきた経緯や親水公園一帯の緑を保全する取り組みを紹介した。

以来、何度となく大学での特別公演に招かれる一方、同大学の視察団を江戸川区に招き、親水公園等の見学などを行っている。

２０１０年（平成２２年）には、ソウル市立大学に多田正見区長が招かれ、「生きる喜びを実感できる都市　江戸川区」をテーマに共育・協働のまちづくりについての公演を行い、清渓川を視察するなど、日韓親善の絆を更に強くした（**写真-３、写真-４**）。その後も、ソウル市立大学とは、双方行き来しながら研究が進められてきた。

このように江戸川区が培ってきた親水事業は、日本を超えしっかりと韓国へ伝わった。こうしたことからも、〝親水〟が同時に

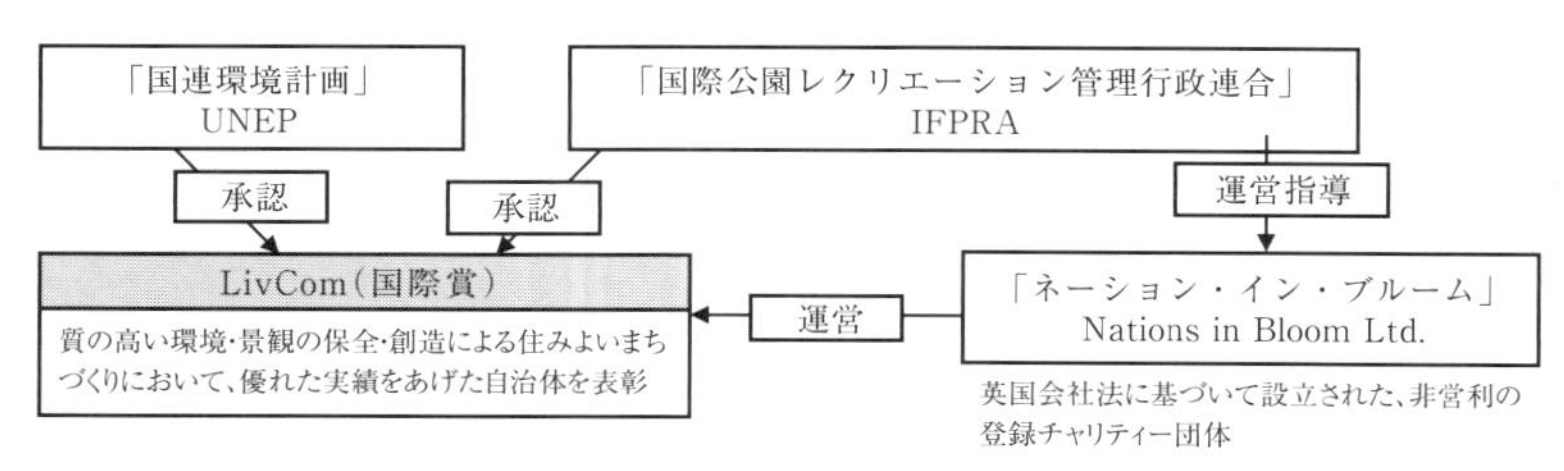

図-2　LivCom（国際賞）の位置づけ

江戸川区を代表する〝地域ブランド〟として伝えられているといえよう。

(2) リブコムへの参加と受賞

江戸川区は自治体として2007年（平成19年）にリブコムに参加し銀賞を受賞した。リブコムの正式名称（表彰名称）は、The International Awards for Liveable Communities（LivCom リブコム）で、「質の高い環境・景観の保全・創造による住みよいまちづくり国際賞」と訳され、1996年（平成8年）より実施されている。

「国連環境計画（UNEP）」と「国際公園レクリエーション管理行政連合（IFPRA）」が承認したものでInternational Federation of Park and Recreation Administration（IFPRA）（「国際公園レクリエーション管理行政連合」）が主催団体となり、1996年（平成8年）に設立されたNation in Bloom Ltd.（ネーション・イン・ブルーム）が運営している（**図-2**）。

2007年（平成19年）は11月22日～26日の5日間、英国ウエストミンスター市で開催された（**写真-5**）。この年の参加自治体は、約２５０自治体が応募し、最終審査に２２か国３９自治体が進んでいる。

参加区分はカテゴリーＡ～Ｅまであり、江戸川区はカテゴリーＤ（人口２０万～７５万人の自治体）でエントリーした。

審査経過は、第一次審査で２５０自治体が英語論文審査（４５００ワード以内）を受け、江戸川区は一次審査を通過し、二次審査（最終審査）に選考された。

二次審査（最終審査）には３９自治体が進み、４０分間の英語によるプレゼン審査が行われた。

写真-5　LivCom 歓迎レセプションで挨拶する多田区長とウエストミン市長

写真-6　銀賞受賞

カテゴリーＤの参加自治体は、江戸川区（日本）の他、リヨン（フランス）、マルメ（スウェーデン）温江（中国）、マヌカウ（ニュージーランド）、ナイアガラ（カナダ）、トレド（アメリカ）であった。

審査項目は、①景観の改善・向上に関する事業

城東タイムズ　平成20年1月1日（火曜日）

江戸川区の街づくり、世界の手本に

英国・ロンドンで銀賞を受賞

まちづくりを競う国際大会・リブコムで

世界から250余りの自治体が応募

最終審査会場で英語によるプレゼンテーションを行う多田区長

イギリス・ロンドンで開催された、世界の自治体が環境保全やまちづくりの優劣を競い合う国際大会で、江戸川区が最終審査まで進み、昨年11月26日、日本時間27日、初参加で、堂々「銀賞」を受賞した。

この大会は、「The International Awards for Liveable Communities＝住みよいまちづくり国際表彰制度＝」。通称リブコムと呼ばれ、国際公園レクリエーション管理行政連合（本部・イギリス）が主催している。

その目的は、生活の質を向上させ、活気のある、環境的に持続可能なコミュニティーを創ることにおいて、ベストプラクティス、イノベーション、そしてリーダーシップを奨励することにある、としている。

大会は、平成8年から開催され今回が12回目。世界で唯一、地方自治体間で行われるコンペティションでもある。日本の自治体の受賞は3年ぶり12件目。都内の自治体では、江戸川区が初めての受賞となった。

今大会には、全世界から、まちづくりに自信のある自治体250余が応募し、一時審査を通過した世界22カ国39の自治体が、イギリス現地で行われる最終審査に臨み、39の自治体中、金賞9、銀賞12、銅賞9が与えられた。

審査は、5つの人口規模別に別れ、次の6項目に対して国際審査団による審査が行われた。

①景観の改善・向上に関する事業実績。②自然・文化・歴史遺産の活用、保全に関する事業実績。③環境の質の維持・保全に関する事業実績。

④コミュニティとの参画・協働により持続可能性を実現する施策。⑤計画的な行政施策の推進に関する事業実績。⑥健全なライフスタイル。

江戸川区が応募した部門（人口20万人超75万人以下）には、同区のほか、フランスのリヨン、スウェーデンのマルモ、ニュージーランドのマヌカウ、アメリカのトレド、中国のヴェンチャン、カナダのナイアガラ地区の、合計7自治体が最終審査に進んだ。

最終審査で江戸川区は、区の概要を12分ほどのビデオで上映。次いで、水の脅威を乗り越えて、豊かな自然環境や水辺空間の恵を生かした景観づくり・住環境整備・環境にやさしいまちづくり・コミュニティづくりなどを、知恵と情熱で築いてきた区の取り組みと、今後の展望について、約130枚の画像を使って説明した。

これらの紹介と説明は、多田正見区長自らが、英語でプレゼンテーションを行った。

また、同時通訳による質疑応答も含め、国際審査団から、同区のまちづくりに対し非常に高い評価を得たもの。

今回の銀賞受賞で江戸川区は、国際社会の舞台で、世界をリードし、世界の手本となる自治体の位置づけを獲得したことになる。

また、江戸川区の国際的知名度をあげることにもつながり、各国の自治体から世界有数の優れた事例（ベストプラクティス）を学ぶ機会にもなった。

受賞を受け、多田正見江戸川区長は「長期間に亘る、よいまちをつくろうという区民の努力と情熱が、世界でも評価され、光栄に思います。

また、世界の各都市とお互い学び合う機会を得て、大変有意義でした。引き続き、住みやすく、水と緑豊かな、美しいまちづくりを進めていきたいと思います」と話している。

また、このほど開かれた平成19年第4回定例会の冒頭の区長挨拶でも、「江戸川区に、多くの審査員及び各国市長から、賞賛の言葉を頂くことができました。賞にランク付けがあったとはいえ、私は参加した全ての都市に対して、深い敬意の念を抱かずにはいられませんでした。

銀賞は私たち江戸川区民に対する輝かしい栄光であると同時に、国際舞台の中でこのように評価されたことを心から嬉しく思っています」……とも述べた。

一方同区は、昨年9月、農林水産省、国土交通省が提唱する「花のまちづくり」の普及を目的として実施されている「全国花のまちづくりコンクール」で、江戸川区の親水公園をはじめとする水と緑の豊かなまちづくりや、積極的な区民との協働、活発な都市農業等、長年にわたる取り組みに対して、コンクール最高の賞である「花のまちづくり大賞・農林水産大臣賞」も受賞している。

また、平成9年には、緑豊かな都市づくりの実績に対して「第17回緑の都市賞」において、江戸川区が「内閣総理大臣賞」を受賞。それまでの実績と住民との協働の姿が高く評価されているという経緯もある。

図-3　LivCom の紹介新聞記事

実績、②自然・文化・歴史遺産の活用、保全に関する事業実績、③環境の質の維持・保全に関する事業実績、④コミュニティと参画・協働により持続可能性を実現する施策、⑤計画的な行政施策の推進に関する事業実績、⑥健全なライフスタイル　である。

表彰では、金賞・銀賞・銅賞、部門賞等が授与され、最終審査には、「MAYOR」の出席を求められ、江戸川区からは多田区長ほか3名が出席

写真 -7　広島・京橋川水辺のオープンカフェ（独立店舗型）（出典：広島市）

した。

その結果、江戸川区は銀賞を受賞（39都市の中で、金賞9都市、銀賞12都市、銅賞9都市が受賞）している（**写真 - 6**）。

3　これからの更なる〝親水〟―ブランドアップによるまちの活性化（新川）―

(1)〝親水〟に価値創造を加える

「まちづくり」を具体的に実践するにあたり、価値創造が加わることで、従来の価値を一段と飛躍させることができる。価値創造には「まち」をつくろうとする「志」、実践する「意志」、人をその気にさせる「心」が必要である〈1〉。

「まち」は生きており、その価値も時代とともに変化する。時代の変化に応じた、新たな価値を創造することが必要となる。

「まちづくり」は息の長い、未来へ向けた創造であり、ただものをつくるのではない。土壌を耕し種子をまき、次の時代の人々が花を咲かせることができるような、長い目の考えが必要である。人まねや物まねではなく、創造的な思考が必要である〈1〉。

広島ではⅠ編1章で述べたように2004年（平成16年）に「河川敷地占用許可準則の特別措置」が設けられたことにより、全国初となる水辺に独立型のオープンカフェを設置した社会実験が行われた（**写真-7**）。この試みは水辺の新たな利活用の展開の可能性を探る上で参考になる。

江戸川区がこれまで進めてきた親水事業は、都市における水辺のあり方、利用のされ方を考慮して整備を進め、区民に水と緑に親しめる憩いの場を提供してきた。

江戸川区の都市マスタープランをみても、水辺周辺は「水と緑の拠点」、「水・緑の生活軸」といった位置づけがなされ、同時に歴史や伝統といったさまざまな景観資源が存在している（**図-4、図-5**）。

(2) 江戸川区〝新川〟での取り組み

都市再生を考えるとき、その手法・対象の一つとして水辺の再生（整備）がある。既成市街地における水辺再生の事例として江戸川区の親水空間への取り組みは有名である。

ここでは、江戸川区が現在進めている「新川」の整備にあたって、現状の整備状況を見ながら、市街化された地域に文化・観光の拠点をつくる可能性についてみよう。

江戸川を流れる一級河川の「新川」は、中川と旧江戸川を結ぶ人工河川であるが、更なる親水空間の充実を目指して今変わりつつある。以前は、水路としての利用があった新川だが、現在で

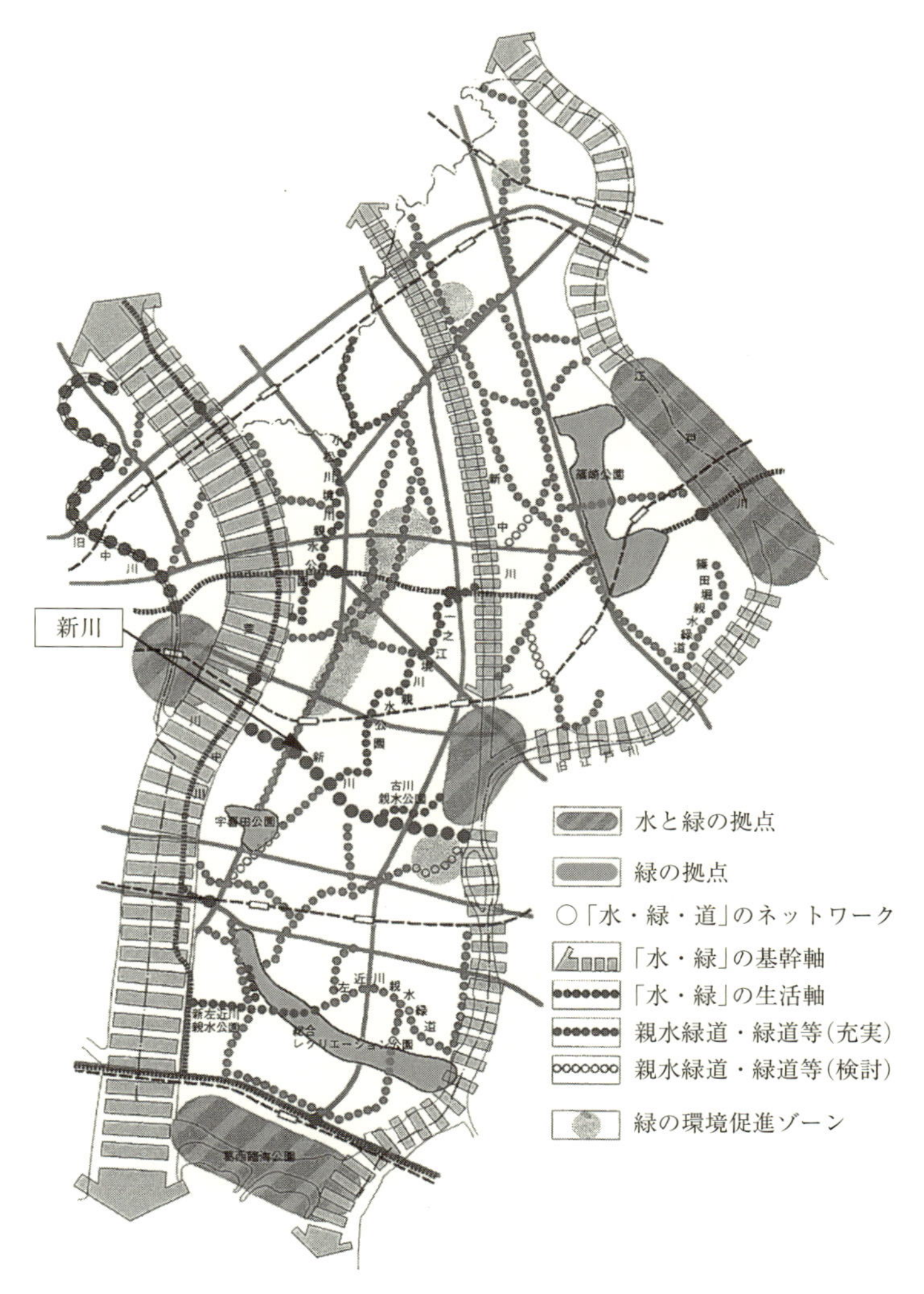

図-4　水と緑の整備方針１（出典：江戸川区街づくり基本プラン、p.48、江戸川区）

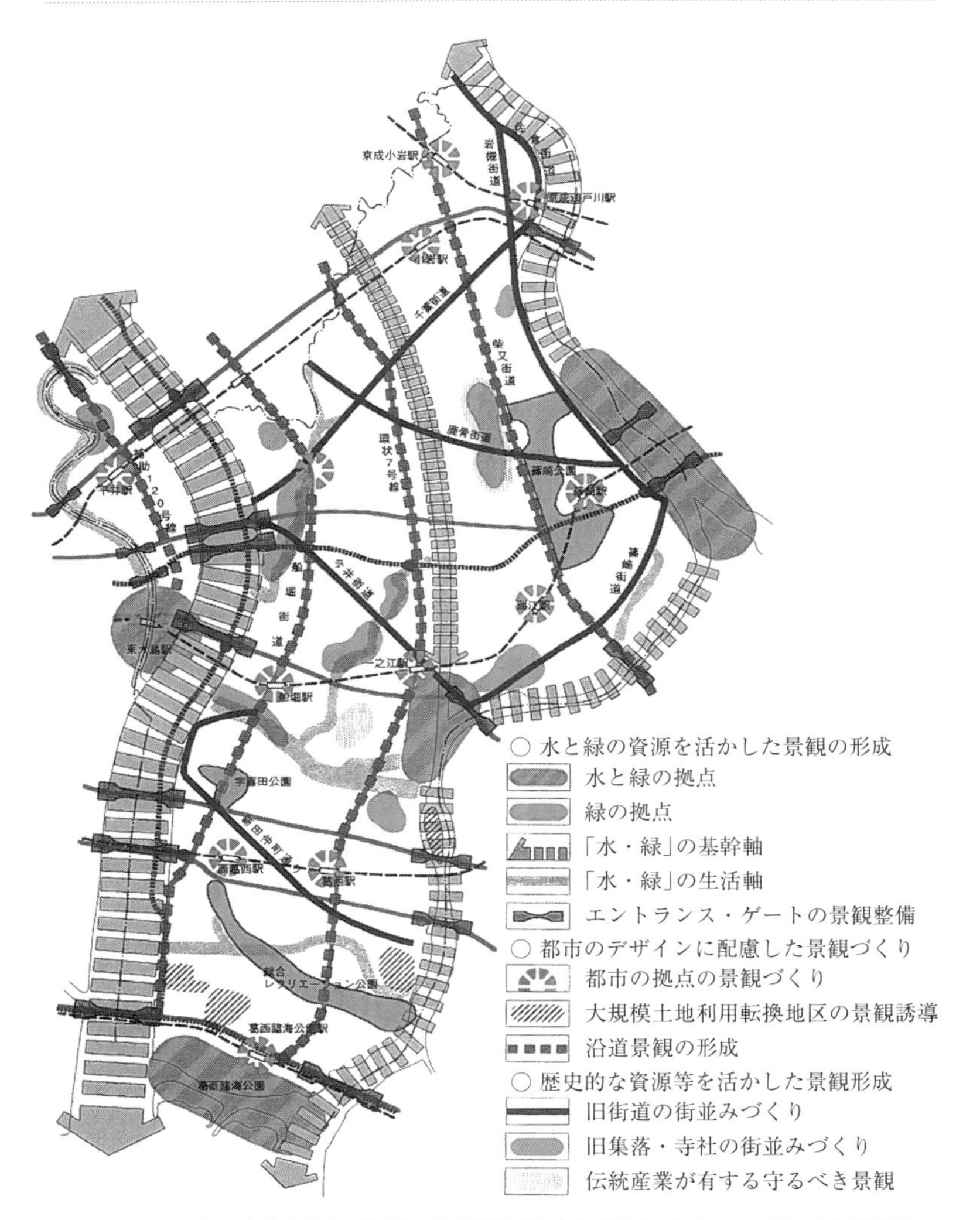

図-5　水と緑の整備方針2（出典：江戸川区街づくり基本プラン、p.49、江戸川区）

写真 -8　新川（筆者撮影）

写真 -9　地下駐車場入口（筆者撮影）

は水路としての利用はなくなり、都市の中の貴重な水辺として活用されている（**写真－8**）。この新川では、珍しい取り組みとして１９９９年（平成１１年）に地下駐車場も整備されている（**写真－9**）。

(3) 新川の歴史

新川は、江戸時代には〝船堀川〟や〝行徳川〟とも呼ばれていたが、そもそも〝船堀川〟の流路の一部を変更した運河である。１５９０年（天正１８年）、江戸城に入った徳川家康が千葉県の行徳までの塩の船路開削を命じ、道三堀・小名木川と同時に開削された。それ以来、この新川は江戸市中にさまざまな物資を運ぶ水路、行徳の塩を運ぶ「塩の道」として多くの人に利用されることになる。

１６３２年（寛永９年）には貨客船「行徳船」が就航し、近郊の農村で採れた野菜の他、東北地方の米や成田参詣の客なども運ばれるようになった。新川沿岸は味噌や醤油の他、酒を売る店や「ごったく屋」と呼ばれる料理屋が立ち並び、旧江戸川に向かって遡る船を曳船する業者もいるなど賑わっていた。

明治時代から大正時代にかけ、蒸気船が通るようになったが、内

写真 -10　地下駐車場断面パース（出典：江戸川区）

国通運会社の「海運丸」や「利根川丸」は東京～銚子間を一日2往復18時間で結び、成田参詣の客に人気があった。

１８９５年（明治28年）、佐倉まで総武鉄道が開通すると、鉄道に客を奪われ、１９１９年（大正８年）に蒸気船は廃止された。この他にも「通船」と呼ばれる小型乗合蒸気船もあり、江東区の高橋まで運航していた。

１９３０年（昭和５年）には、荒川放水路が完成した。それまで新川は都営新宿線東大島駅の南側にある旧中川まで流れていたが、西側の約1キロメートルが水没している。

しかし、水運は維持され、さらに大きく流れを変えた中川と荒川の合流部には〝船堀閘門〟が設けられた。これは現在の荒川ロックゲート（小名木川閘門）のほぼ対岸にあった。

新川は歴史的にも防災面で役割を果たしてきた。１９４７年（昭和22年）9月には、カスリーン台風により大洪水が起き、新川より北の江戸川区はほぼ全域が浸水したが、この新川で洪水はくい止められ、周辺の葛西地区は浸水を免れたという経緯がある。

（4）新川地下駐車場整備

新川地下駐車場は、都営新宿線船堀駅周辺地区の発展および新川の親水化により生じる駐車場需要に対応するために計画されたもので、全国で初めて河川の地下空間を有効活用した公共駐車場である（**写真－9、写真－10**）。

「水辺整備と併せて、地下に駐車場をつくれないか。費用を国と都からねん出させられれば……」と駅周辺の違法駐車対策ともからめ、当時の中里喜一区長の発想から事業は始まった。当時、新川は使われていない旧運河で、いわば〝死んだ川〟だった。護岸も劣化し、骨組みから耐震型に切り替える必要があったが、中里区長の新川を潤いある水辺に変えたいという強い思いがあった。

整備事業の検討は、建設省（当時）や東京都の道路・河川行政の実務者を委員とする「新川地下駐車場整備検討委員会を設置し、実現に向けてさまざまな課題の解決を図り、建設実現に至った。この事業は、１９９５年度（平成7年度）から建設に着手し、１９９９年（平成１１年）３月に竣功、同年6月から一部供用を開始している。

駐車場本体構造は、鉄筋コンクリート構造地下一層で、延長４８４メートル、幅１８・４メートル（内幅１７メートル）、高さ5・５メートル（内室高さ3・４メートル、車両制限高さ2・１メートル）、駐車台数は２００台とした（**写真－１０**）。

この新川地下駐車場は、都市部における河川空間活用のモデルケースとして大きな期待を担った施設であり、その運用状況が注目されている。

今後は、利用者への適切なPR等により利用率アップや違法駐車撤廃という地域環境の向上を目指し、周辺地域の発展に寄与する基幹施設となるだろう。

(5) 都市再生整備計画と新川千本桜計画

新川地区では、1992年（平成4年）から2007年（平成19年）まで護岸の耐震・環境整備を東京都が実施し、新川橋から東水門までを除く約2キロメートルが整備されている。

また、2008年度（平成20年度）から2012年度（平成24年度）にかけて都市再生整備計画を定めているが、この計画では、河川防災上の向上、水辺空間の整備、賑わいと潤いのある景観形成により、「安全で安心して快適に暮らせる賑わいと潤いがあるまちづくり」を目標としている。

「新川千本桜計画〈5〉」は、耐震護岸・親水護岸の整備に合わせ全長3キロメートルの川沿いに1000本もの桜を植樹し江戸川区の新名所をつくろうと2006年（平成18年）に策定した計画である。2007年（平成19年）4月から2013年（平成25年）3月までの6年をかけて1000本の桜の植樹、木造人道橋の整備（**写真-11**）、地域の方のふれあいの場となる地域交流センター（**写真-12**）の建設など江戸情緒あふれる街並みへと整備しようとするものである。

現在も川岸の整備事業が進められており、1000本の桜並木や江戸時代の木橋や石積み護岸により、江戸情緒を再現するための取り組みが続けられている。

この計画では、千本桜植栽の他に14橋の架橋（11橋の人道橋と3橋の広場橋）や地域交流セ

写真 -12　地域交流センター（筆者撮影）

写真 -11　整備された木造人道橋（筆者撮影）

ンターなどが計画されており、これまでに地域交流センターや新川千本桜記念碑、遊歩道や人道橋等が完成している。

(6) 新川周辺のまちづくりにおける住民参加とコミュニティ

この計画には多くの地元住民からの賛同と参加があり、２００７年（平成１９年）１１月に発足した「新川千本桜の会」が中心となり１３７９の個人や団体、町会などから約８６００万円の寄付があった。

計画のうちすでに「新川西水門広場」が完成している。この広場は、新川千本桜の起点として２００８年（平成２０年）１２月から整備を開始したが、敷地には広場のほか手洗所や新川千本桜のモニュメントとなる高さ１５・５メートルの〝火の見やぐら〟も併せて整備している。〝火の見やぐら〟は江戸時代、火事を知らせ、町を見守る監視塔として建てられており、新川の〝火の見やぐら〟も新川千本桜や地域の発展を見守り、今後この地域のコミュニティ形成のシンボルともなることだろう。

お披露日会の会場では当日、式典が行われたほか地元町会などの

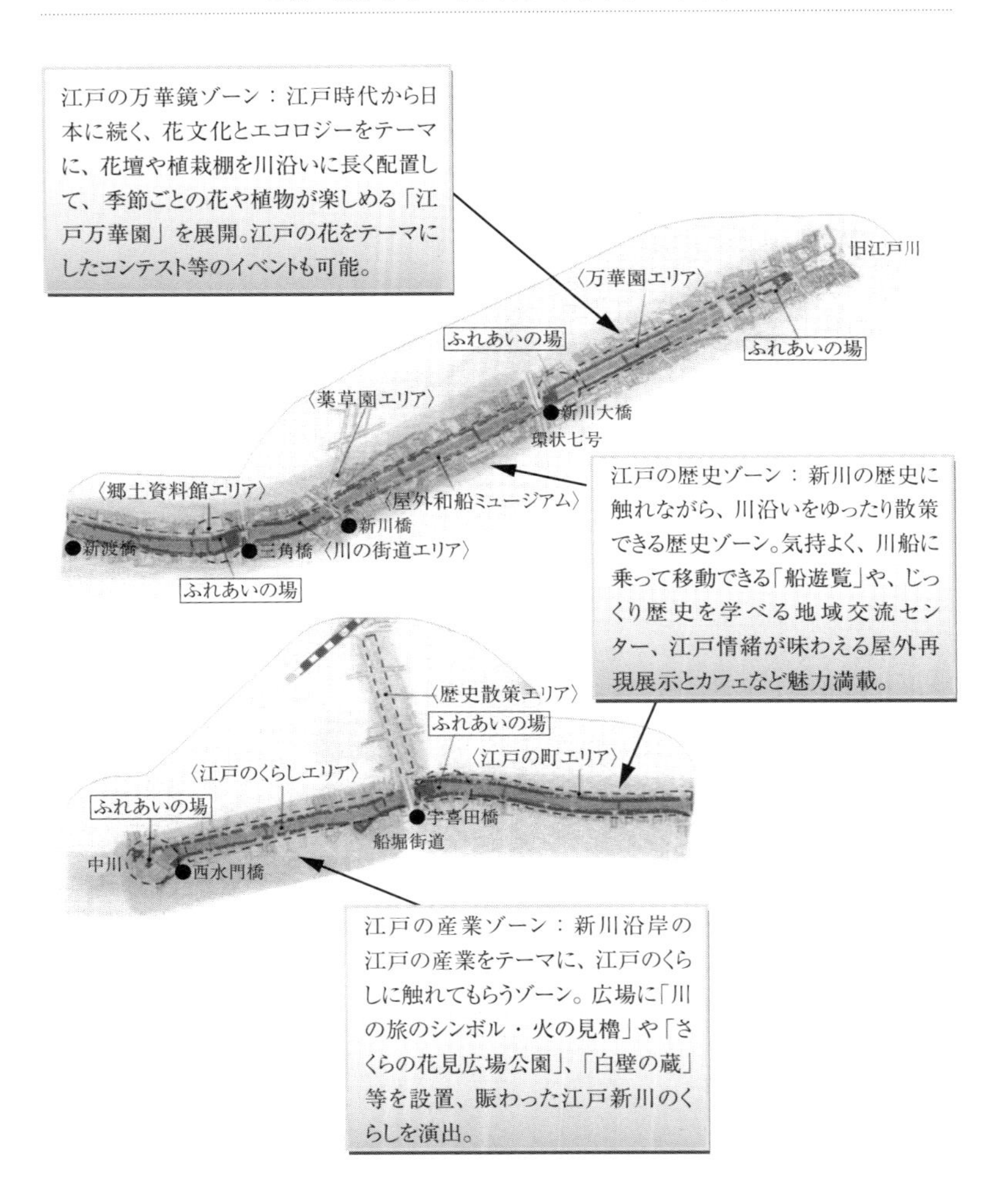

図-6　千本桜構想（整備ゾーンごとのイメージ）

模擬店や火の見やぐらの見学会、かつて塩の道として多くの舟が就航していたことをイメージした舟の散策などのイベントも開催され約2000人の来場者で賑わった。

4　持続可能な〝親水〟

(1)「観光」への期待

このように江戸川区の新川整備について、その歴史から現在の計画に至るまでをみてきたが、新川にみられるような既成市街地における都市施設を観光資源という観点で活かしていくことは重要なことである。

「観光」はそもそも国際平和と国民生活の安定を象徴し、その持続的発展は、恒久平和と国際社会の相互理解の増進を念願し、健康で文化的な生活をもたらす。また、地域経済の活性化や雇用の機会の増大など国民経済のあらゆる領域にわたって、その発展に寄与するとともに、健康の増進や潤いのある豊かな生活環境の創造といったことなどを通じて国民生活の安定向上に貢献する〈6〉。

この新川のある江戸川区の周辺にも、スカイツリーや柴又帝釈天、ディズニーランドといった観光資源が多く存在することから、単に施設整備ということにとどめず「観光」という視点をもち、地域の更なる活性化のため、今後、周辺自治体と連携を図り、多くの人を呼び寄せる更なる工夫をすることが求められる。

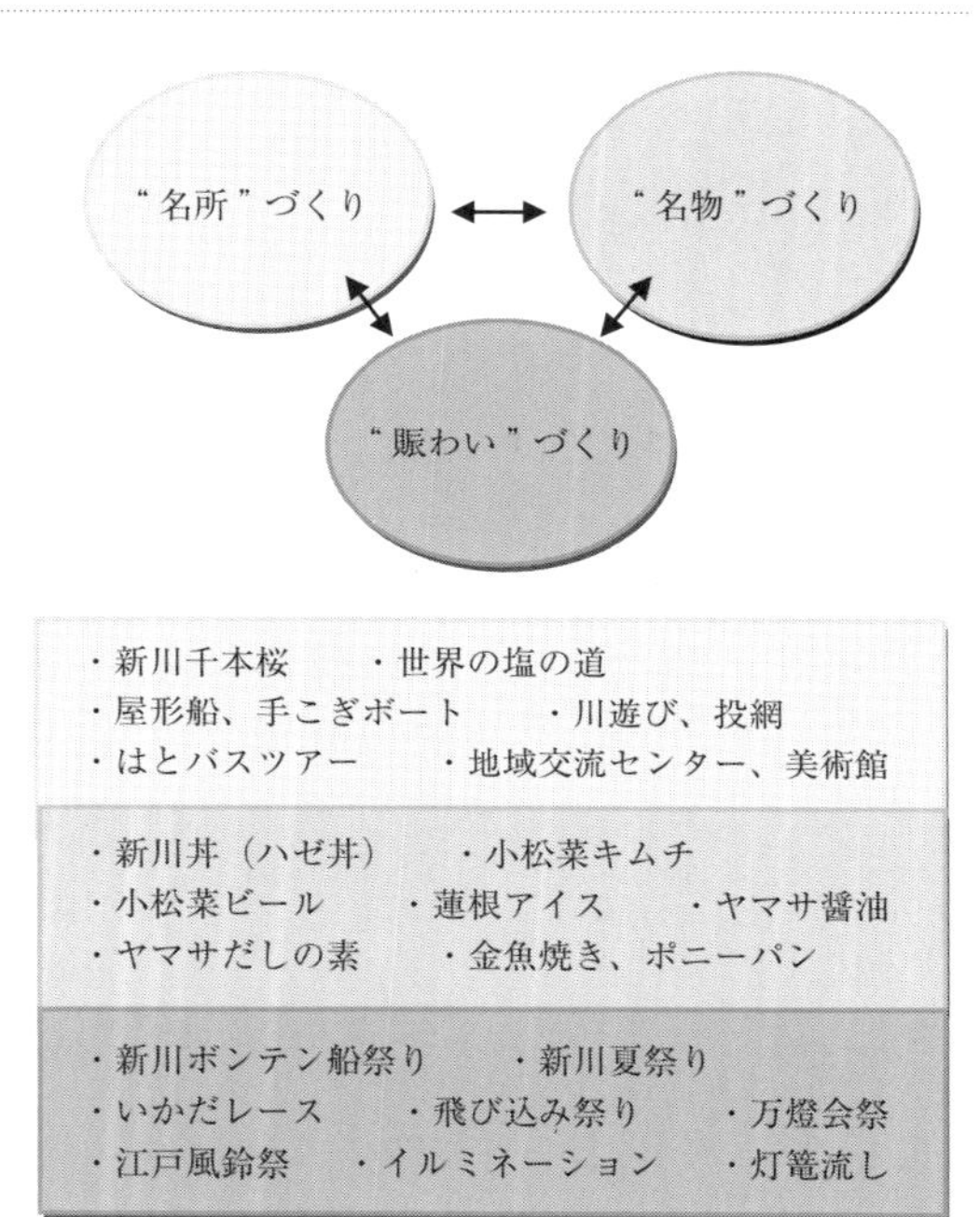

図 -7　計画目標と地域ブランドのイメージ

そもそもここで対象とした江戸川区の今までの河川整備は、とくに「観光」を意識したものではなかったが、新川のように「観光」という新たな視点をもつことによって、河川を活用して「観光」の可能性について探ることができたことには、今後の施策展開も含め、大きな意義があるだろう。そうした意味においても都市空間の中でもとくに河川空間を用いた事例には今後も期待がもてる。

(2) 〝持続可能な水辺整備〟の実現に向けて

このように歴史のある新川については、２００６年度（平成１８年度）から行われてきた千本桜の事業などにより、地域支援の基に現代における地域社会に即したかたちで着実に整備がなされて

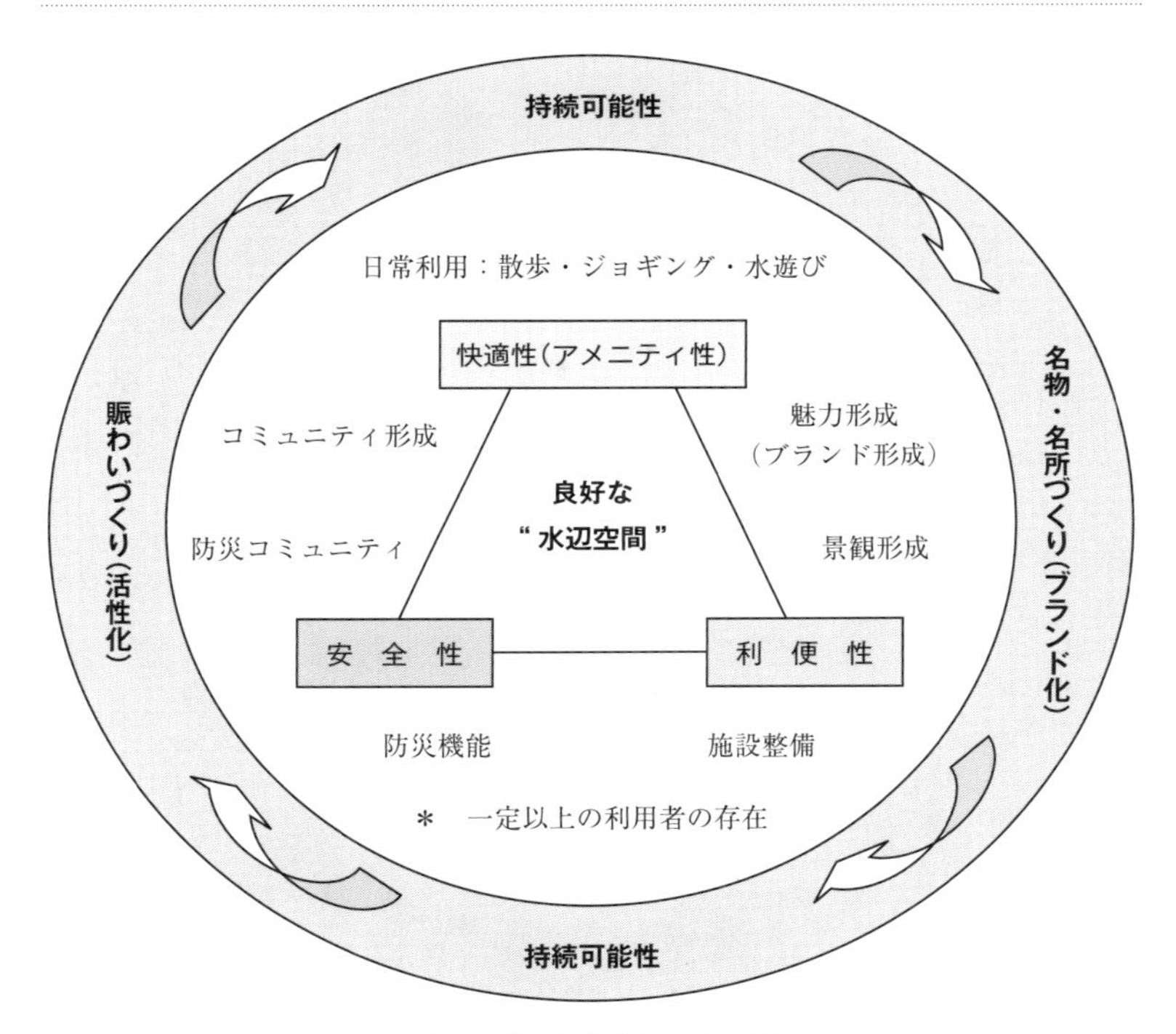

図-8　持続可能な水辺空間の体系

きた。その結果、整備が進んだところは、多くの人々が利用するとともに、新川千本桜の景観が、着実にその姿を現している。

２０１１年（平成２３年）8月、これまでの整備状況を踏まえつつ、社会経済情勢の変化に対応した整備計画に一部見直しを図り、早い時期での全体完成を目指し整備が進められている。

千本桜構想は、名所・名物・賑わいづくりをコンセプトに展開されているが、今後、こうした市街地における〝観光〟への取り組みがまちづくりの課題となってくるだろう。とくに〝地域ブランド（魅力）〟をいかに育んでいくか（いけるか）といったことが、地域における持続可能なまちづくりを考えるうえでひとつの鍵となる（図-8）。この新川千本桜沿川地区は、今までの行政と周辺住民との協働の取り組みが評価され、2016年度の都市景観大賞（主催：「都市景観の日」実行委員会）を受賞している。

大規模な環境悪化を逆手にとって、住民の憩いの場として整備された「親水公園」が初めてつくられてから40年が経過した。今もその憩いの場は地域住民が愛し育てている。

〝親水公園〟の整備は、今まで述べてきたように、われわれの住んでいる都市環境にもさまざまな面において影響を及ぼしてきたと同時に、われわれが生活する地域社会においても大きな役割を果たしてきていることがわかる。全国で最初に親水公園を実現した江戸川区も、かつて親水公園を計画した段階ではこれだけの効果を予想してはいなかった。

江戸川区では、親水公園・親水緑道の整備以外にも、水辺整備に関連した事業として国が進めているスーパー堤防整備や区施行の土地区画整理事業、新川地下駐車場といった特殊な整備も行ってきているが、今後も都市計画緑地や景観地区、地区計画といった制度を活用しながら創意工夫をこらした「親水まちづくり」を推進していく必要性がある。そうすることにより江戸川区特有の「水辺の文化」が創られていくことになるだろう。

都市において、水辺はかけがえのない財産であり、今後一層活かしていくのは地域を愛して育てるわれわれ生活者の営みによるところが大きい。

◎参考・引用文献

〈1〉田村明：「まちづくりの実践」、岩波新書、１９９９・５
〈2〉田村明：「まちづくりの発想」、岩波新書、１９８７・１２
〈3〉江戸川区：新川千本桜計画パンフレット
〈4〉日本建築学会編：「水辺のまちづくり—住民参加の親水デザイン—」、技報堂出版、８６〜８７頁、２００８・９
〈5〉新川千本桜計画、江戸川区土木部計画課、２００７・１１
〈6〉三船弘道＋まちづくりコラボレーション：「まちづくりキーワード辞典」、３４頁、学芸出版社、２００９・７
〈7〉日本建築学会編：「水辺のまちづくり—住民参加の親水デザイン—」、技報堂出版、２００８・９
〈8〉日本建築学会編：「親水空間論—時代と場所から考える水辺のあり方—」、技報堂出版、２０１４・５

あとがき

本書は、著者らがこれまで日本建築学会、日本都市計画学会、日本造園学会はじめ、加入する関連学会等へ報告してきました調査研究の論文報告を基にして、親水の意味や親水のもつまちづくり効果について体系的に整理し、極力専門的にならないように書き改めたものです。

著者2人は、日本建築学会の水環境運営委員会配下に設置された親水工学小委員会や水と都市小委員会、都市と親水小委員会などに所属し、建築と水、都市と水の関係性について議論検討すると共に、2002年の「親水工学試論（日本建築学会編）」を皮切りに、06年に「水環境ハンドブック（水環境学会編）」、08年に「水辺のまちづくり―住民参加の親水デザイン―（日本建築学会編）」、11年に「水環境設備ハンドブック」、14年に「親水空間論―時代と場所から考える水辺のあり方―（日本建築学会編）」と12年の間に計5回にわたり、親水を切り口とした執筆活動を行う機会に恵まれました。

また、共に「親水」をテーマに据えて、それぞれ水と如何に係わるか、その在り方や効果を見出すことに専念し、都内や地方における河川や水路、運河及び親水公園を中心に調査研究を展開してまいりました。そして現在もその活動は継続中です。この中で、畔柳は主に都市環境と人間の係わりを見出す都市生態学的視点に基づき「水や水辺」の人間にとっての意味や果たす役割りをとらえ、一方の上山は都市計画や政策に携わる行政マンとして親水公園の意義やその可能性を追求すると共に、実践的にまちづくりの中で親水空間の創造を図ってきました。

こうした経緯を踏まえ本書をまとめていますが、ここで取り上げている内容につきましては、第Ⅰ編では、研究室に在籍した渡邊秀俊、鈴木尚美子、宇井えりか、磯部久貴、石井史彦、田島佳征、佐々田道雄、武田雄、蓑田辰彦、松永知仁、弓削龍らの調査研究結果に負うところが大であることを申し添えます。また、第Ⅱ編については、上山が江戸川区役所在職中に、取り組んでいた研究に理解を示していただいた多田正見区長、資料提供等において多大なご協力いただいた区職員と関係者の方々に感謝の意を表します。

今回、本書出版の機会を作っていただいた技報堂出版編集部長の石井洋平氏には大変感謝申し上げますと共に、地道な編集作業を丹念にしていただいた星憲一氏には合わせて感謝申し上げます。

著者紹介

畔柳　昭雄（くろやなぎ　あきお）

1981年　日本大学大学院理工学研究科博士課程建築学専攻修了

現　在　日本大学理工学部海洋建築工学科教授

　　　　工学博士、一級建築士　専攻は親水工学、建築計画学

主な著書

「都市の水辺と人間行動－都市生態学的視点による親水行動論－」（共著），共立出版，1999

「親水工学試論（日本建築学会編）」，信山社サイテック，2002

「海の家スタディーズ」（共著），鹿島出版会，2005

「水環境ハンドブック（日本水環境学会編）」，朝倉書店，2006

「水辺のまちづくり－住民参加の親水デザイン－（日本建築学会編）」，技報堂出版，2008

「海水浴と日本人」，中央公論新社，2010

「水環境設備ハンドブック－『水』をめぐる都市・施設・設備のすべてがわかる本－」（共著），オーム社，2011

「親水空間論－時代と場所から考える水辺のあり方－（日本建築学会編）」，技報堂出版，2014　ほか多数

上山　肇（かみやま　はじめ）

1985年　千葉大学工学部建築学科卒業

1995年　千葉大学大学院自然科学研究科博士後期課程修了

2011年　法政大学大学院政策創造研究科博士後期課程修了

民間から東京都特別区管理職を経て2013年より法政大学大学院政策創造研究科勤務

現　在　法政大学大学院政策創造研究科教授、政策創造研究科長

　　　　博士（工学）、博士（政策学）、一級建築士　専攻は都市計画、都市政策

主な著書

「親水工学試論（日本建築学会編）」，信山社サイテック，2002

「実践・地区まちづくり」（共著），信山社サイテック，2004

「水環境ハンドブック（日本水環境学会編）」，朝倉書店，2006

「水辺のまちづくり－住民参加の親水デザイン－（日本建築学会編）」，技報堂出版，2008

「景観まちづくり最前線（自治体景観政策研究会編）」，学芸出版，2009

「水環境設備ハンドブック－『水』をめぐる都市・施設・設備のすべてがわかる本－」（共著），オーム社，2011

「親水空間論－時代と場所から考える水辺のあり方－（日本建築学会編）」，技報堂出版，2014　ほか多数

みず・ひと・まち —親水まちづくり—　　定価はカバーに表示してあります。

2016年6月25日　1版1刷発行　　ISBN978-4-7655-1837-6 C3051

著　者　畔柳昭雄
　　　　上山肇
発行者　長滋彦
発行所　技報堂出版株式会社
〒101-0051　東京都千代田区神田神保町1-2-5
電　話　営　業(03)(5217)0885
　　　　編　集(03)(5217)0881
　　　　F A X(03)(5217)0886
振替口座　00140-4-10
U R L　http://gihodobooks.jp/

日本書籍出版協会会員
自然科学書協会会員
土木・建築書協会会員

Printed in Japan

装丁：田中邦直　印刷・製本：昭和情報プロセス